世界遺産シリーズ

世界遺産ガイド

ー自然遺産編ー
2020改訂版

JN119182

目次

【 目　次 】

■ 自然遺産の概要

■ 世界遺産リストに登録されている自然遺産

自然遺産　略語

- ●BR　　　　Biosphere Reserves（生物圏保存地域）
- ●CBD　　　Convention on Biological Diversity　（生物多様性条約）
- ●CI　　　　Conservation International（コンサベーション・インターナショナル）
- ●CITES　　Convention on International Trade in Endangered Species of Wild Fauna and Flora
　　　　　　（絶滅のおそれのある野生動植物の種の国際取引に関する条約　通称：ワシントン条約）
- ●CMS　　　Convention on the Conservation of Migratory Species of Wild Animals
　　　　　　（移動性野生動物種の保全に関する条約　通称：ボン条約）
- ●COP　　　Conference of the Parties（締約国会議）
- ●Ecoregion　Ecological region（エコリージョン）
- ●GGN　　　Glocal Geoparks Network（世界ジオパーク・ネットワーク）
- ●IGCP　　　International Geoscience Programme（国際地質科学計画）
- ●IUCN　　　International Union for Conservation of Nature and Natural Resources
　　　　　　（国際自然保護連合）
- ●IUGS　　　International Union of Geological Sciences（国際地質科学連合）
- ●MAB　　　Man and the Biosphere Programme（人間と生物圏計画）
- ●MEOW　　Marine Ecoregions of the World（海域の生物地理区分）
- ●NGO　　　Non-Governmental Organizations（非政府組織）
- ●OUV　　　Outstanding Universal Value（顕著な普遍的価値）
- ●Ramsar　　Convention on Wetlands of International Importance, especially as Waterfowl Habitat
　　　　　　（特に水鳥の生息地として国際的に重要な湿地に関する条約　通称：ラムサール条約）
- ●RDB　　　Red Data Book（レッド・データ・ブック）
- ●TNC　　　The Nature Conservancy（自然保護協会）
- ●UNCLOS　United Nations Convention on the Law of the Sea（海洋法に関する国際連合条約）
- ●UNESCO　United Nations Educational, Scientific and Cultural Organization
　　　　　　（国際連合教育科学文化機関）
- ●UNEP　　　United Nations Environment Programme（国際連合環境計画）
- ●UNFCCC　United Nations Framework Convention on Climate Change
　　　　　　（国際連合気候変動枠組み条約）
- ●WCMC　　World Conservation Monitoring Centre（世界自然保護モニタリングセンター）
- ●WCPA　　World Commission on Protected Area（世界保護地域委員会）
- ●WHC　　　World Heritage Convention（世界遺産条約）
- ●WWF　　　World Wide Fund for Nature（世界自然保護基金）

自然遺産の概要

ヴァトナヨークトル国立公園ー炎と氷のダイナミックな自然（アイスランド）
自然遺産（登録基準(viii)）　2019年

自然遺産　定義

自然遺産の概要

　自然遺産(Natural Heritage)についての語義については、1972年11月16日にユネスコのパリ本部で開催された第17回ユネスコ総会において満場一致で採択され1975年12月17日に発効した「世界の文化遺産及び自然遺産の保護に関する条約」(Convention concerning the Protection of the World Cultural and Natural Heritage　略称 世界遺産条約 World Heritage Convention)の第2条で、定義されている。

　自然遺産とは、無生物、生物の生成物、または、生成物群からなる特徴のある自然の地域で、鑑賞上、または学術上、「顕著な普遍的価値」(Outstanding Universal Value)を有するもの、そして、地質学的、または、地形学的な形成物および脅威にさらされている動物、または、植物の種の生息地、または、自生地として区域が明確に定められている地域で、学術上、保全上、または、景観上、顕著な普遍的価値を有するものと定義することができる。

　複合遺産（mixed Cultural and Natural Heritage）とは、自然遺産と文化遺産の両方の定義を満たす物件で、本書では、複合遺産も含めて、自然遺産の全体像を明らかにする。

　自然遺産(含む複合遺産)は、2020年3月現在、252物件(含む複合遺産の39物件)あるが、シミエン国立公園 (エチオピア)、イエローストーン国立公園 (アメリカ合衆国)、ナハニ国立公園 (カナダ)、ガラパゴス諸島 (エクアドル) の4物件が1978年の第2回世界遺産委員会で初めて、「世界遺産リスト」(World Heritage List) に登録された。

　自然遺産に係わる4つの登録基準のすべてを満たすものは、バレ・ドゥ・メ自然保護区(セイシェル)、◎ンゴロンゴロ保全地域(タンザニア)、ナミブ砂海(ナミビア)、ムル山国立公園(マレーシア)、雲南保護地域の三江併流(中国)、クィーンズランドの湿潤熱帯地域(オーストラリア)、グレート・バリア・リーフ(オーストラリア)、西オーストラリアのシャーク湾(オーストラリア)、◎タスマニア原生地域(オーストラリア)、テ・ワヒポウナム―南西ニュージーランド(ニュージーランド)、バイカル湖(ロシア連邦)、カムチャッカの火山群 (ロシア連邦)、イエローストーン国立公園 (アメリカ合衆国)、グランドキャニオン国立公園(アメリカ合衆国)、グレートスモーキー山脈国立公園(アメリカ合衆国)、クルエーン/ランゲルーセントエライアス/グレーシャーベイ/タッシェンシニ・アルセク(カナダ/アメリカ合衆国)、タラマンカ地方―ラ・アミスター保護区群/ラ・アミスター国立公園(コスタリカ/パナマ)、ガラパゴス諸島(エクアドル)、サンガイ国立公園(エクアドル)、リオ・プラターノ生物圏保護区 (ホンジュラス)、カナイマ国立公園(ヴェネズエラ)の21物件である。 (◎は複合遺産)

　自然遺産の中には、自然災害や人為災害などの原因や理由から「危機にさらされている世界遺産のリスト」(List of World Heritage in Danger) に登録され、緊急的な救済措置と恒久的な保護・保全を図る為の国際的な協力及び援助の体制を急務とする物件も数多くある。

　また、自然遺産は、生態系、生物種、種内 (個体群、遺伝子) など生物多様性の保全との関わりから「生物多様性条約」(Convention on Biological Diversity　略語 CBD)、特に水鳥の生息地として国際的に重要な湿地に関する「ラムサール条約」(Ramsar Convention)、絶滅のおそれのある野生動植物の種の保護を目的とする「ワシントン条約」(Washington Convention)、移動性野生動植物の種の保全に関する「ボン条約」(Bonn Convention)などの他の国際条約や計画とも関わりがある。

バレ・ドゥ・メ自然保護区（セイシェル）
1983年登録
登録基準 (vii) (viii) (ix) (x)

ンゴロンゴロ保全地域（タンザニア）
【複合遺産】1979年／2010年登録
登録基準 (iv) (vii) (viii) (ix) (x)

ナミブ砂海（ナミビア）
2013年登録
登録基準 (vii) (viii) (ix) (x)

自
然
遺
産
の
概
要

ムル山国立公園（マレーシア）
2000年登録
登録基準 (vii) (viii) (ix) (x)
（写真）ウィンド洞窟

雲南保護地域の三江併流（中国）
2003年／2010年登録
登録基準 (vii) (viii) (ix) (x)
（写真）怒江

クィーンズランドの湿潤熱帯地域（オーストラリア）
1988年登録
登録基準 (vii) (viii) (ix) (x)

グレート・バリア・リーフ（オーストラリア）
1981年登録
登録基準（vii）（viii）（ix）（x）

西オーストラリアのシャーク湾（オーストラリア）
1991年登録　登録基準（vii）（viii）（ix）（x）

タスマニア原生地域（オーストラリア）
【複合遺産】1982年／1989年／2010年登録
登録基準（iii）（iv）（vi）（vii）（viii）（ix）（x）

テ・ワヒポウナム-南西ニュージーランド
（ニュージーランド）
1990年登録
登録基準（vii）（viii）（ix）（x）

バイカル湖（ロシア連邦）
1996年登録　登録基準（vii）（viii）（ix）（x）

カムチャッカの火山群（ロシア連邦）
1996年／2001年登録　登録基準（vii）（viii）（ix）（x）

イエローストーン国立公園（アメリカ合衆国）
1978年登録
登録基準 (vii)(viii)(ix)(x)

グランドキャニオン国立公園（アメリカ合衆国）
1979年登録
登録基準 (vii)(viii)(ix)(x)

グレートスモーキー山脈国立公園（アメリカ合衆国）
1983年登録
登録基準 (vii)(viii)(ix)(x)

クルエーン／ランゲルーセントエライアス／
グレーシャーベイ／タッシェンシニ・アルセク
（カナダ／アメリカ合衆国）
1979年／1992年／1994年登録　登録基準（vii）（viii）（ix）（x）
（写真）グレーシャーベイ

タラマンカ地方―ラ・アミスター保護区群／
ラ・アミスター国立公園（コスタリカ／パナマ）
1983年／1990年登録　登録基準（vii）（viii）（ix）（x）
（写真）コスタリカ側のラ・アミスター国立公園

ガラパゴス諸島（エクアドル）
1978年／2001年登録
登録基準（vii）（viii）（ix）（x）

自然遺産の概要

サンガイ国立公園（エクアドル）
1983年登録
登録基準（vii）（viii）（ix）（x）

リオ・プラターノ生物圏保護区（ホンジュラス）
1982年登録　★【危機遺産】2011年登録
登録基準（vii）（viii）（ix）（x）

カナイマ国立公園（ヴェネズエラ）
1994年登録
登録基準（vii）（viii）（ix）（x）

自然遺産の概要

自然遺産　ユネスコと世界遺産

1954 年	ハーグで「武力紛争の際の文化財の保護の為の条約」（通称ハーグ条約）を採択。
1959 年	アスワン・ハイ・ダムの建設（1970 年完成）でナセル湖に水没する危機にさらされた エジプトのヌビア遺跡群の救済を目的としたユネスコの国際的キャンペーン。 文化遺産保護に関する条約の草案づくりを開始。
1959 年	ICCROM（文化財保存修復研究国際センター）が発足。
1964 年	「記念建造物および遺跡の保存と修復の為の国際憲章」(通称ヴェネツィア憲章)を採択。
1965 年	ICOMOS（国際記念物遺跡会議）が発足。
1967 年	アムステルダムで開催された国際会議で、アメリカ合衆国が自然遺産と 文化遺産を総合的に保全するための「世界遺産トラスト」を設立することを提唱。
1970 年	「文化財の不正な輸入、輸出、および所有権の移転を禁止、防止する手段に関する条約」 を採択。
1971 年	ニクソン大統領の提案（ニクソン政権に関するメッセージ）、この後、IUCN と ユネスコが世界遺産の概念を具体化するべく世界遺産条約の草案を作成。
1971 年	ユネスコと IUCN（国際自然保護連合）が世界遺産条約の草案を作成。
1972 年	ユネスコはアメリカの提案を受けて、自然・文化の両遺産を統合するための専門家会議 を開催、これを受けて両草案はひとつにまとめられた。
1972 年	ストックホルムで開催された国連人間環境会議で条約の草案報告。
1972 年	パリで開催された第 17 回ユネスコ総会において採択。
1975 年	世界の文化遺産及び自然遺産の保護に関する条約発効。
1977 年	第 1 回世界遺産委員会がパリにて開催される。
1978 年	第 2 回世界遺産委員会がワシントンにて開催される。 メサ・ヴェルデ国立公園、ランゾー・メドーズ国立史跡、キト市街、アーヘン大聖堂、 ヴィエリチカ塩坑、クラクフの歴史地区、ラリベラの岩の教会、ゴレ島の 8 物件が 初の文化遺産として登録される。
1984 年	米国、ユネスコを脱退。
1985 年	英国、シンガポール、ユネスコを脱退。
1989 年	日本政府、「文化遺産保存日本信託基金」をユネスコに設置。
1992 年	ユネスコ事務局長、ユネスコ世界遺産センターを設立。
1992 年	日本、世界遺産条約を受諾。
1997 年	英国、ユネスコに復帰。
1999 年	松浦晃一郎氏、ユネスコ事務局長に就任。
2000 年	ケアンズ・デシジョンを採択。
2002 年	国連文化遺産年。
2002 年	ブダペスト宣言採択。
2002 年	世界遺産条約採択 30 周年。
2003 年	米国、ユネスコに復帰。
2004 年	蘇州デシジョンを採択。
2005 年	「文化的表現の多様性の保護と促進に関する条約」（略称：文化多様性条約）を採択。
2006 年	無形文化遺産保護条約が発効。
2007 年	文化多様性条約が発効。
2009 年	水中文化遺産保護に関する条約が発効。
2009 年	ブルガリアのイリナ・ボコバ氏、松浦晃一郎氏の後任としてユネスコ事務局長に就任。
2012 年	世界遺産条約採択 40 周年。
2015 年	ユネスコ創設 70 周年。 メチルド・ロスラー氏、ユネスコ世界遺産センター所長に就任。
2020 年	世界遺産条約締約国数　193 か国。（2020 年 3 月現在） ユネスコ創設 75 周年。（加盟国 193 か国、準加盟 11 の国と地域）

自然遺産の概要

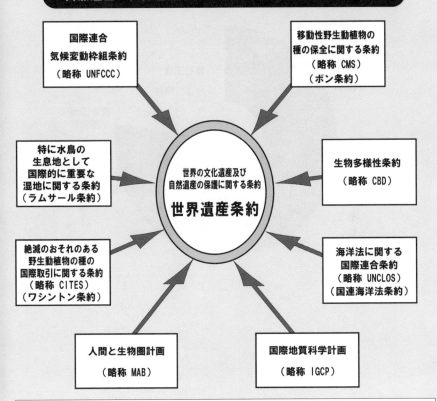

自然遺産　世界遺産条約に関連する他の国際条約や計画

国際連合
気候変動枠組条約
（略称 UNFCCC）

移動性野生動植物の
種の保全に関する条約
（略称 CMS）
（ボン条約）

特に水鳥の
生息地として
国際的に重要な
湿地に関する条約
（ラムサール条約）

世界の文化遺産及び
自然遺産の保護に関する条約
世界遺産条約

生物多様性条約
（略称 CBD）

絶滅のおそれのある
野生動植物の種の
国際取引に関する条約
（略称 CITES）
（ワシントン条約）

海洋法に関する
国際連合条約
（略称 UNCLOS）
（国連海洋法条約）

人間と生物圏計画
（略称 MAB）

国際地質科学計画
（略称 IGCP）

●人間と生物圏計画（Man and the Biosphere Programme）（略称 MAB）1971年
●特に水鳥の生息地として国際的に重要な湿地に関する条約
　（Convention on Wetlands of International Importance especially as Waterfowl Habitat）
　（略称 Ramsar）1971年
●絶滅のおそれのある野生動植物の種の国際取引に関する条約
　（Convention on International Trade in Endangered Species of Wild Fauna and Flora）
　（略称 CITES）1973年
●国際地質科学計画（International Geoscience Programme）（略称 IGCP）1974年
●移動性野生動植物の種の保全に関する条約
　（Convention on the Conservation of Migratory Species of Wild Animals）（略称 CMS）1979年
●海洋法に関する国際連合条約
　（United Nations Convention on the Law of the Sea）（略称 UNCLOS）1982年
●生物多様性条約（Convention on Biological Diversity）（略称 CBD）1992年
●国際連合気候変動枠組条約（United Nations Framework Convention on Climate Change）
　（略称 UNFCCC）1992年

自然遺産の概要

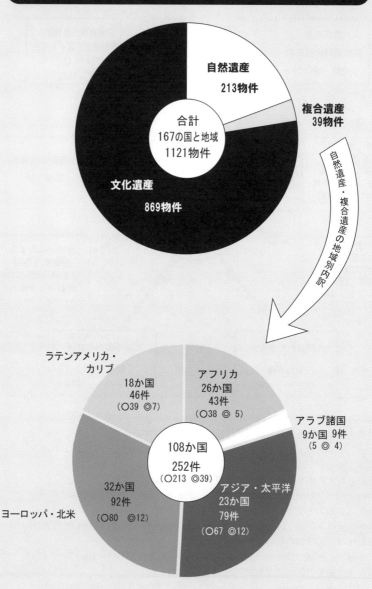

自然遺産（含む複合遺産）の数

自然遺産
213物件

複合遺産
39物件

合計
167の国と地域
1121物件

文化遺産
869物件

自然遺産・複合遺産の地域別内訳

ラテンアメリカ・カリブ
18か国
46件
（〇39 ◎7）

アフリカ
26か国
43件
（〇38 ◎ 5）

アラブ諸国
9か国 9件
（5 ◎ 4）

108か国
252件
（〇213 ◎39）

32か国
92件
（〇80 ◎12）

ヨーロッパ・北米

アジア・太平洋
23か国
79件
（〇67 ◎12）

(注)複数国にまたがる自然遺産16件、複合遺産3件を含む。

2020年3月現在

自然遺産の概要

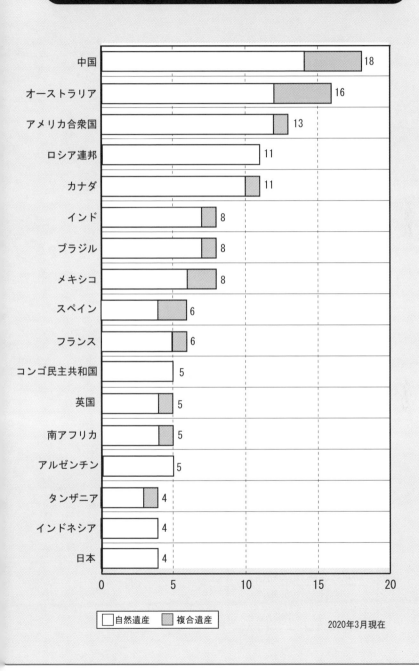

自然遺産（含む複合遺産）　登録物件数上位国

国	登録物件数
中国	18
オーストラリア	16
アメリカ合衆国	13
ロシア連邦	11
カナダ	11
インド	8
ブラジル	8
メキシコ	8
スペイン	6
フランス	6
コンゴ民主共和国	5
英国	5
南アフリカ	5
アルゼンチン	5
タンザニア	4
インドネシア	4
日本	4

□ 自然遺産　■ 複合遺産

2020年3月現在

自然遺産（含む複合遺産）　世界分布図

北極

大西洋

インド洋

自然・複合遺産の数
108か国

● 自然遺産　213物件
○ 複合遺産　 39物件

合計　252物件

（2020年3月現在）

大　西　洋

太　平　洋

赤　道

自然遺産の概要

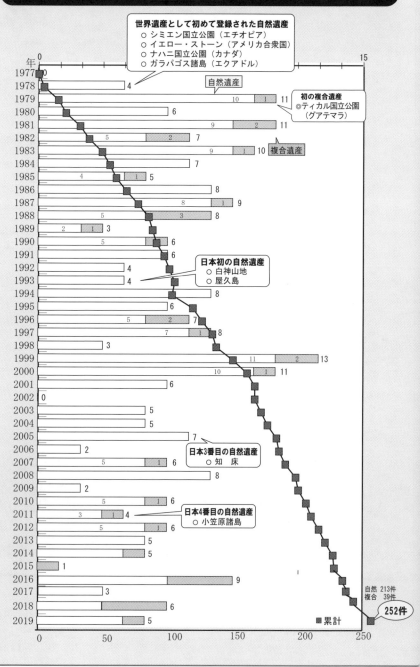

自然遺産（含む複合遺産）　委員会回次別登録物件数の推移

世界遺産として初めて登録された自然遺産
- ○ シミエン国立公園（エチオピア）
- ○ イエロー・ストーン（アメリカ合衆国）
- ○ ナハニ国立公園（カナダ）
- ○ ガラパゴス諸島（エクアドル）

初の複合遺産
◎ティカル国立公園（グアテマラ）

日本初の自然遺産
- ○ 白神山地
- ○ 屋久島

日本3番目の自然遺産
- ○ 知床

日本4番目の自然遺産
- ○ 小笠原諸島

自然 213件
複合 39件

■累計

252件

自然遺産　委員会回次別登録物件数の内訳

回次	開催年	登録物件数				登録物件数（累計）				備　考
		自然	文化	複合	合計	自然	文化	複合	累計	
第1回	1977年	0	0	0	0	0	0	0	0	①オフリッド湖〈自然遺産〉
第2回	1978年	4	8	0	12	4	8	0	12	（マケドニア・1979年登録）
第3回	1979年	10	34	1	45	14	42	1	57	→文化遺産加わり複合遺産に
第4回	1980年	6	23	0	29	19①	65	2①	86	*当時の国名はユーゴスラヴィア
第5回	1981年	9	15	2	26	28	80	4	112	②バージェス・シェル遺跡〈自然遺産〉
第6回	1982年	5	17	2	24	33	97	6	136	（カナダ1980年登録）
第7回	1983年	9	19	1	29	42	116	7	165	→「カナディアンロッキー山脈公園」
第8回	1984年	7	16	0	23	48②	131③	7	186	として再登録。上記物件を統合
第9回	1985年	4	25	1	30	52	156	7	216	③グアラニー人のイエズス会伝道所
第10回	1986年	8	23	0	31	60	179	7	247	〈文化遺産〉（ブラジル1983年登録）
第11回	1987年	8	32	1	41	68	211	9	288	→アルゼンチンにある物件が登録
第12回	1988年	5	19	3	27	73	230	12	315	され、1物件とみなされることに
第13回	1989年	2	4	1	7	75	234	13	322	④ウエストランド、マウント・クック
第14回	1990年	5	11	1	17	77④	245	14	336	国立公園〈自然遺産〉
第15回	1991年	6	16	0	22	83	261	14	358	フィヨルドランド国立公園〈自然遺産〉
第16回	1992年	4	16	0	20	86⑤	277	15⑤	378	（ニュージーランド1986年登録）
第17回	1993年	4	29	0	33	89⑥	306	16⑥	411	→「テ・ワヒポウナム」として再登録。
第18回	1994年	8	21	0	29	96⑦	327	17⑦	440	上記2物件を統合し1物件に
第19回	1995年	6	23	0	29	102	350	17	469	⑤タラマンカ地方ラ・アミスタッド
第20回	1996年	5	30	2	37	107	380	19	506	保護区群〈自然遺産〉
第21回	1997年	7	38	1	46	114	418	20	552	（コスタリカ1983年登録）
第22回	1998年	3	27	0	30	117	445	20	582	→パナマのラ・アミスタッド国立公園
第23回	1999年	11	35	2	48	128	480	22	630	を加え再登録。
第24回	2000年	10	50	1	61	138	529⑧	23	690	上記物件を統合し1物件に
第25回	2001年	6	25	0	31	144	554	23	721	⑥リオ・アビセオ国立公園〈自然遺産〉
第26回	2002年	0	9	0	9	144	563	23	730	（ペルー）
第27回	2003年	5	19	0	24	149	582	23	754	→文化遺産加わり複合遺産に
第28回	2004年	5	29	0	34	154	611	23	788	⑦トンガリロ国立公園〈自然遺産〉
第29回	2005年	7	17	0	24	160⑨	628	24⑨	812	（ニュージーランド）
第30回	2006年	2	16	0	18	162	644	24	830	→文化遺産加わり複合遺産に
第31回	2007年	5	16	1	22	166⑩	660	25	851	⑧ウルル・カタ・ジュタ国立公園
第32回	2008年	8	19	0	27	174	679	25	878	〈自然遺産〉（オーストラリア）
第33回	2009年	2	11	0	13	176	689⑪	25	890	→文化遺産加わり複合遺産に
第34回	2010年	5	15	1	21	180⑫	704	27⑫	911	⑨シャンボール城〈文化遺産〉
第35回	2011年	3	21	1	25	183	725	28	936	（フランス1981年登録）
第36回	2012年	5	20	1	26	188	745	29	962	→「シュリ・シュルワールと
第37回	2013年	5	14	0	19	193	759	29	981	シャロンヌの間のロワール渓谷」
第38回	2014年	4	21	1	26	197	779⑬	31⑬	1007	として再登録。上記物件を統合
第39回	2015年	0	23	1	24	197	802	32	1031	⑨セント・キルダ〈自然遺産〉
第40回	2016年	6	12	3	21	203	814	35	1052	（イギリス1986年登録）
第41回	2017年	3	18	0	21	206	832	35	1073	→文化遺産加わり複合遺産に
第42回	2018年	3	13	3	19	209	845	38	1092	⑩アラビアン・オリックス保護区
第43回	2019年	4	24	1	29	213	869	39	1121	〈自然遺産〉（オマーン1994年登録）

⑩アラビアン・オリックス保護区
〈自然遺産〉（オマーン1994年登録）
→登録抹消
⑪ドレスデンのエルベ渓谷
〈文化遺産〉（ドイツ2004年登録）
→登録抹消
⑫ンゴロンゴロ保全地域〈自然遺産〉
（タンザニア1978年登録）
→文化遺産加わり複合遺産に
⑬カラクムルのマヤ都市〈文化遺産〉
（メキシコ2002年登録）
→自然遺産加わり複合遺産に

自然遺産の概要

自然遺産の概要

コア・ゾーン（推薦資産）

登録推薦資産を効果的に保護するたに明確に設定された境界線。

境界線の設定は、資産の「顕著な普遍的価値」及び完全性及び真正性が十分に表現されることを保証するように行われなければならない。＿＿＿＿＿＿ ha

- 自然公園法
- 自然環境保全法
- 国有森野の管理経営に関する法律
- 国有林野管理経営規程
- 鳥獣の保護及び狩猟の適正化に関する法律
- 絶滅のおそれのある野生動植物の種の保存に関する法律
- 文化財保護法

登録範囲

バッファー・ゾーン（緩衝地帯）

推薦資産の効果的な保護を目的として、推薦資産を取り囲む地域に、法的または慣習的手法により補完的な利用・開発規制を敷くことにより設けられるもうひとつの保護の網。推薦資産の直接のセッティング（周辺の環境）、重要な景色やその他資産の保護を支える重要な機能をもつ地域または特性が含まれるべきである。＿＿＿＿＿＿ ha

- 景観条例
- 環境保全条例

長期的な保存管理計画

登録推薦資産の現在及び未来にわたる効果的な保護を担保するために、各資産について、資産の「顕著な普遍的価値」をどのように保全すべきか（参加型手法を用いることが望ましい）について明示した適切な管理計画のこと。どのような管理体制が効果的かは、登録推薦資産のタイプ、特性、ニーズや当該資産が置かれた文化、自然面での文脈によっても異なる。管理体制の形は、文化的視点、資源量その他の要因によって、様々な形式をとり得る。伝統的手法、既存の都市計画や地域計画の手法、その他の計画手法が使われることが考えられる。

- 管理主体
- 管理体制
- 管理計画

- 記録・保存・継承
- 公開・活用（教育、観光、まちづくり）

- 地域計画、都市計画
- 協働のまちづくり

担保条件

世界遺産登録と「顕著な

顕著な普遍的価値（Ou

国家間の境界を超越し、人類全体にとって現
文化的な意義及び/又は自然的な価値を意味
国際社会全体にとって最高水準の重要性を有

ローカル ⇨ リージョナル ⇨ ナシ

地　域

バッファー・ゾ

コア・ゾー

構成資産

「顕著な

該

構成資産

他の

過去

登録遺産名：○○○○○○○○○○
日本語表記：○○○○○○○○○○
位置（経緯度）：北緯○○度○○分
登録遺産の説明と概要：○○○○○
　　　　　　　　　　　○○○○○○○○

値」の証明について

（al Value＝OUV）

た重要性をもつような、傑出した
遺産を恒久的に保護することは

ョナル ⇨ グローバル

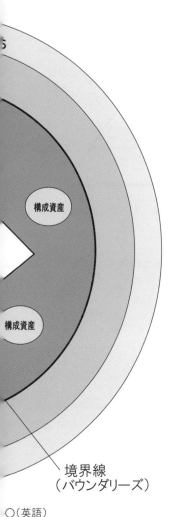

構成資産

構成資産

境界線
（バウンダリーズ）

〇（英語）

〇〇〇

〇〇〇〇〇〇

〇〇〇〇

必要十分条件の証明

登録基準（クライテリア）

（i）人類の創造的天才の傑作を表現するもの。
→人類の創造的天才の傑作

（ii）ある期間を通じて、または、ある文化圏において、建築、技術、記念碑的芸術、町並み計画、景観デザインの発展に関し、人類の価値の重要な交流を示すもの。
→人類の価値の重要な交流を示すもの

（iii）現存する、または、消滅した文化的伝統、または、文明の、唯一の、または、少なくとも稀な証拠となるもの。
→文化的伝統、文明の稀な証拠

（iv）人類の歴史上重要な時代を例証する、ある形式の建造物、建築物群、技術の集積、または、景観の顕著な例。
→歴史上、重要な時代を例証する優れた例

（v）特に、回復困難な変化の影響下で損傷されやすい状態にある場合における、ある文化（または、複数の文化）、或は、環境と人間との相互作用、を代表する伝統的集落、または、土地利用の顕著な例。
→存続が危ぶまれている伝統的集落、土地利用の際立つ例

（vi）顕著な普遍的な意義を有する出来事、現存する伝統、思想、信仰、または、芸術的、文学的作品と、直接に、または、明白に関連するもの。
→普遍的出来事、伝統、思想、信仰、芸術、文学的作品と関連するもの

（vii）もっともすばらしい自然現象、または、ひときわすぐれた自然美をもつ地域、及び、美的な重要性を含むもの。**→自然景観**

（viii）地球の歴史上の主要な段階を示す顕著な見本であるもの。これには、生物の記録、地形の発達における重要な地学的進行過程、或は、重要な地形的、または、自然地理的特性などが含まれる。
→地形・地質

（ix）陸上、淡水、沿岸、及び、海洋生態系と動植物群集の進化と発達において、進行しつつある重要な生態学的、生物学的プロセスを示す顕著な見本であるもの。**→生態系**

（x）生物多様性の本来的保全にとって、もっとも重要かつ意義深い自然生息地を含んでいるもの。これには、科学上、または、保全上の観点から、普遍的価値をもつ絶滅の恐れのある種が存在するものを含む。
→生物多様性

※自然遺産の場合、上記の登録基準（vii）～（x）のうち、一つ以上の登録基準を満たすと共に、それぞれの根拠となる説明が必要。

真正（真実）性（オーセンティシティ）

文化遺産の種類、その文化的文脈によって一様ではないが、資産の文化的価値（上記の登録基準）が、下に示すような多様な属性における表現において真実かつ信用性を有する場合に、真正性の条件を満たしていると考えられ得る。
〇形状、意匠
〇材料、材質
〇用途、機能
〇伝統、技能、管理体制
〇位置、セッティング（周辺の環境）
〇言語その他の無形遺産
〇精神、感性
〇その他の内部要素、外部要素

完全性（インテグリティ）

自然遺産及び文化遺産とそれらの特質のすべてが無傷で包含されている度合を測るためのものさしである。従って、完全性の条件を調べるためには、当該資産が以下の条件をどの程度満たしているかを評価する必要がある。
a）「顕著な普遍的価値」が発揮されるのに必要な要素（構成資産）がすべて含まれているか。
b）当該物件の重要性を示す特徴を不足なく代表するために適切な大きさが確保されているか。
c）開発及び管理放棄による負の影響を受けていないか。

他の類似物件との比較

当該物件を、国内外の類似の世界遺産、その他の物件と比較した比較分析を行わなければならない。比較分析では、当該物件の国内での重要性及び国際的な重要性について説明しなければならない。

© 世界遺産総合研究所

必
要
条
件

十
分
条
件

自
然
遺
産
の
概
要

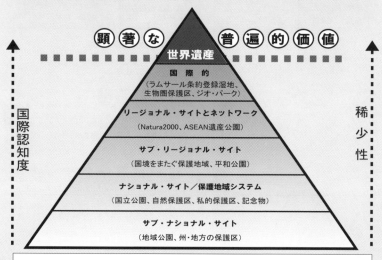

自然遺産　顕著な普遍的価値

顕著な普遍的価値

世界遺産

国際的
（ラムサール条約登録湿地、
生物圏保護区、ジオ・パーク）

リージョナル・サイトとネットワーク
（Natura2000、ASEAN遺産公園）

サブ・リージョナル・サイト
（国境をまたぐ保護地域、平和公園）

ナショナル・サイト／保護地域システム
（国立公園、自然保護区、私的保護区、記念物）

サブ・ナショナル・サイト
（地域公園、州・地方の保護区）

国際認知度　　稀少性

「顕著な普遍的価値」の決定要素

● 世界遺産の登録基準<（ i ）〜（ x ）>のうち1つ以上に適合していること。
● 完全性（インテグリティ）の必要条件を満たしていること。

代表性の主眼点

● 国連の保護管理システムや生態系ネットワークを通じての
自然景観、地形・地質、生態系、生物多様性の各分野、カテゴリーを
代表していること。

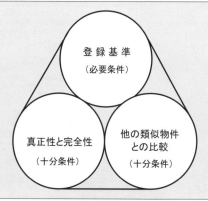

登録基準
（必要条件）

真正性と完全性
（十分条件）

他の類似物件
との比較
（十分条件）

「顕著な普遍的価値」の正当性
(JUSTIFICATION FOR OUTSTANDING UNIVERSAL VALUE)

☐ Criteria met（該当する登録基準）
☐ Statement of authenticity and/or integrity（真正性と或いは完全性の陳述）
☐ Comparison with other similar properties（他の類似物件との比較）

自然遺産　登録基準

　世界遺産の登録基準は、世界遺産の概念の進化を反映させる為、定期的に世界遺産会によって改訂されてきた。2005年までは、自然遺産には4つ、文化遺産には6つの登録基準があった。世界遺産条約履行の為の作業指針の改訂によって、2005年以降は、自然遺産の4つの登録基準と文化遺産の6つの登録基準は、(i)〜(x)に合併され、自然遺産の従来の登録基準(i)〜(iv)は、(vii)〜(x)に再編された。尚、1992年以降、人間と自然環境との重要な相互作用は、文化遺産の文化的景観として認識されている。

(vii)　もっともすばらしい自然的現象、または、ひときわすぐれた自然美をもつ地域、及び、美的な重要性を含むもの。→自然景観

　〇キリマンジャロ国立公園（タンザニア）、〇ウニアンガ湖群（チャド）、◎バンディアガラの絶壁（ドゴン人の集落）（マリ）、◎ワディ・ラム保護区（ヨルダン）、〇九寨溝の自然景観および歴史地区（中国）、〇武陵源の自然景観および歴史地区（中国）、〇黄龍の自然景観および歴史地区（中国）、◎泰山（中国）、〇三清山国立公園（中国）、◎ギョレメ国立公園とカッパドキアの岩窟群（トルコ）、◎ヒエラポリスとパムッカレ（トルコ）、〇サガルマータ国立公園（ネパール）、〇アトス山（ギリシャ）、◎メテオラ（ギリシャ）、〇ベラベジュスカヤ・プッシャ／ビャウォヴィエジャ森林（ベラルーシ／ポーランド）、◎オフリッド地域の自然・文化遺産（マケドニア）、〇オオカバマダラ蝶の生物圏保護区（メキシコ）など。

(viii)　地球の歴史上の主要な段階を示す顕著な見本であるもの。これには、生物の記録、地形の発達における重要な地学的進行過程、或は、重要な地形的、または、自然地理的特性などが含まれる。→地形・地質

　〇フレデフォート・ドーム（南アフリカ）、〇ワディ・アル・ヒタン（ホウェール渓谷）（エジプト）、〇フォン・ニャ・ケ・バン国立公園（ヴェトナム）、〇澄江の化石発掘地（中国）、〇ウィランドラ湖群地方（オーストラリア）、〇エオリエ諸島（エオリアン諸島）（イタリア）、〇ドーセットと東デボン海岸（英国）、〇メッセル・ピット化石発掘地（ドイツ）、〇モン・サン・ジョルジオ（スイス）、〇スイスの地質構造線サルドーナ（スイス）、〇ハイ・コースト／クヴァルケン群島（スウェーデン／フィンランド）、〇アッガテレク・カルストとスロヴァキア・カルストの鍾乳洞群（ハンガリー／スロヴァキア）、〇レナ・ピラーズ自然公園（ロシア連邦）、〇ミグアシャ国立公園（カナダ）、〇ジョギンズ化石の断崖（カナダ）、〇ハワイ火山国立公園（アメリカ合衆国）、〇イチグアラスト・タランパヤ自然公園（アルゼンチン）など。

(ix)　陸上、淡水、沿岸、及び、海洋生態系と動植物群集の進化と発達において、進行しつつある重要な生態学的、生物学的プロセスを示す顕著な見本であるもの。→生態系

　〇白神山地（日本）、〇小笠原諸島（日本）、〇イースト・レンネル（ソロモン諸島）、〇スルツェイ島（アイスランド）、〇カルパチア山脈の原生ブナ林（ウクライナ／スロヴァキア）など。

(x)　生物多様性の本来的保全にとって、もっとも重要かつ意義深い自然生息地を含んでいるもの。これには、科学上、または、保全上の観点から、すぐれて普遍的価値をもつ絶滅の恐れのある種が存在するものを含む。→生物多様性

　〇オカピ野生動物保護区（コンゴ民主共和国）★、〇カフジ・ビエガ国立公園（コンゴ民主共和国）★、〇ニオコロ・コバ国立公園（セネガル）★、〇イシュケウル国立公園（チュニジア）、〇ソコトラ諸島（イエメン）、〇ケオラデオ国立公園（インド）、〇ドン・ファヤエン-カオヤイ森林保護区（タイ）、◎楽山大仏景名勝区を含む峨眉山風景名勝区（中国）、〇四川省のジャイアント・パンダ保護区群（中国）、〇スレバルナ自然保護区（ブルガリア）、〇アルタイ・ゴールデン・マウンテン（ロシア連邦）、〇シホテ・アリン山脈中央部（ロシア連邦）、〇エル・ヴィスカイノの鯨保護区（メキシコ）、〇ヴァルデス半島（アルゼンチン）など。

〇 自然遺産　◎ 複合遺産　★ 危機遺産

（注）→ は、わかりやすい覚え方として、
当シンクタンクが言い換えたものである。

自然遺産の概要

自然遺産　完全性

「世界遺産リスト」に登録推薦される物件はすべて、完全性の条件を満たすことが求めらる。

完全性は、自然遺産の特質のすべてが無傷で包含されている度合いを測るためのものさしである。従って、完全性の条件を調べるためには、当該物件が以下の条件をどの程度満たしているかを評価する必要がある。

a) 「顕著な普遍的価値」が発揮されるのに必要な要素がすべて含まれているか。
b) 当該物件の重要性を示す特徴を不足なく代表するために適切な大きさが確保されているか。
c) 開発及び／または管理放棄による負の影響を受けていないか。

また、自然遺産関係の物件は、すべて、生物地理学的な過程及び地形上の特徴が比較的無傷であること。しかしながら、いかなる場所も完全な原生地域ではなく、自然地域はすべて動的なものであり、ある程度、人間との関わりが介在している。伝統的社会や地域のコミュニティーを含めて、人間活動はしばしば自然地域内で行われる。そのような活動も、生態学的に持続可能なものであれば、当該地域の「顕著な普遍的価値」と両立し得る。

以上に加えて、自然遺産関係の物件は、各登録基準毎に完全性の条件が定義されている。

登録基準(vii)に基づく物件は、「顕著な普遍的価値」を有すると同時に、物件の美しさを維持するために不可欠な範囲を包含していること。例えば、滝を中心とする風景の場合、物件の美的価値に一体的に結びついた隣接の集水域及び下流域を包含していれば、完全性の条件を満たす可能性がある。

登録基準(viii)に基づく物件は、関連する自然科学的関係において相互に関連し依存した鍵となる要素の、すべて、または大部分を包含していること。例えば、「氷河時代」の地域であれば、雪原、氷河そのもの及び氷食形状、堆積、棲みつきのサンプル（例えば、モレーン、植物遷移の初期段階等）を包含していれば、完全性の条件を満たす可能性がある。また、火山の場合には、溶岩起源鉱物の完全な変形シリーズが残っており、噴出岩の種類や噴火の種類の、すべて、または大部分が代表されていれば、完全性の条件を満たす可能性がある。

登録基準(ix)に基づく物件は、生態系及びそこに含まれる生物多様性を長期的に保全するために不可欠なプロセスの鍵となる側面を現すために十分な大きさをもち、必要な要素を包含すること。例えば、熱帯雨林地域は、ある程度の標高変化、地形・土壌型の変化があり、一群の系及び一群の自然再生が見られれば、完全性の条件を満たす可能性がある。同様に、サンゴ礁であれば、例えば、海草やマングローブ、またはサンゴ礁への栄養塩や堆積物の流入を制御する近隣生態系を包含すれば、完全性の条件を満たす可能性がある。

登録基準(x)に基づく物件は、生物多様性の保全にとって最も重要な存在であること。生物学的に見て、最も多様性・代表性の高い物件のみがこの基準を満たし得ると考えられる。関係する生物地理区、生態系の特徴を示す動植物相の多様性を最大限維持するための生息環境を包含していることが求められる。例えば、熱帯サバンナの場合であれば、共進化した草食動物と植物の組み合わせが完全に残っていれば、完全性を満たす可能性がある。また、島嶼生態系の場合であれば、固有の生物相を維持するための生息環境を包含すべきである。広い生息域をもつ種を含む場合は、当該種の生存可能個体群を確保するために不可欠な生息環境を包含するのに十分な大きさを確保すべきである。さらに、渡りの習性をもつ生物種を含む地域の場合は、繁殖地、営巣地、判明している渡りのルートが適切に保護されていることが求められる。

自然遺産　世界遺産委員会への諮問機関IUCN

IUCNとは、国際自然保護連合(The World Conservation Union、以前は、自然及び天然資源の保全に関する国際同盟＜International Union for Conservation of Nature and Natural Resources＞)の略称で、国連環境計画(UNEP)、ユネスコ(UNESCO)などの国連機関や世界自然保護基金(WWF)などの協力の下に、野生生物の保護、自然環境及び自然資源の保全に係わる調査研究、発展途上地域への支援などを行っているほか、絶滅のおそれのある世界の野生生物を網羅したレッド・リスト等を定期的に刊行している。

世界遺産との関係では、IUCNは、世界遺産委員会への諮問機関としての役割を果たしている。自然保護や野生生物保護の専門家のワールド・ワイドなネットワークを通じて、自然遺産に推薦された物件が世界遺産にふさわしいかどうかの専門的な評価、既に世界遺産に登録されている物件の保全状態のモニタリング(監視)、締約国によって提出された国際援助要請の審査、人材育成活動への支援などを行っている。

IUCN（会長　章新勝（Zhang Xinsheng）＜中国＞)は、1948年(昭和23年)に設立され、現在、90の国家会員，130の政府機関会員、1,131の国際NGOなどの民間団体、それに、170か国以上の15,000人にも及ぶ科学者や専門家などがユニークなグローバル・パートナーシップを構成しており、本部はスイスのグラン市にあり、世界の、50か国以上の事務所で約900人の専門スタッフで成り立っている。

IUCNの事務局長(2019年6月～)は、グレセル・アギラール博士（Dr Grethel Aguilar＜コスタリカ＞)。4年に1回、IUCNの総会である「世界自然保護会議」(World Conservation Congress)が開催される。第6回「世界自然保護会議」は、2020年6月11日～19日、マルセイユ(フランス)で開催される。
IUCNは、世界中の生物多様性の保護に取り組む専門家からなるボランティアネットワークである6つの専門委員会（種の保存委員会、世界保護地域委員会、生態系管理委員会、教育コミュニケーション委員会、環境経済社会政策委員会、環境法委員会）を有している。これらの委員会には、科学と学術分野における専門家がメンバーとなっている。これらの委員会は、自然保護に関する情報の収集、統合、管理、知識の共有といったIUCNの核となる活動に貢献している。

IUCNに対するわが国日本の拠出は、2019年度国家会員会費（義務的拠出金，外務省予算)55,776千円（493,601スイス・フラン）（この他に環境省が政府機関会費拠出)、外務省、環境省、日本自然保護協会、日本動物園水族館協会、WWFジャパン、日本野鳥の会、エルザ自然保護の会、人間環境問題研究会、自然環境研究センター、沖縄大学地域研究所、日本雁を保護する会、日本経団連自然保護協議会、生物多様性JAPAN、野生動物救護獣医師協会、日本ウミガメ協議会、カメハメハ王国、地球環境戦略研究機関、日本湿地ネットワーク、日本環境教育フォーラム、野生生物保全論研究会、ジュゴンキャンペーンセンター、コンサベーション・インターナショナル・ジャパン、バードライフ・アジアが加盟している。

IUCN日本委員会は、国家会員1（外務省）、政府機関1（環境省)および民間団体18団体からなっており、会長は渡邉綱男（一般財団法人　自然環境研究センター上級研究員)で、事務局は1988年から(公財)日本自然保護協会内におかれている。

自然遺産の概要

自然遺産　Udvardy の「世界の生物地理地区の分類」

界（Realm）	地区数（Province）
● 新北海（The Nearctic Realm）	22
● 旧北界（The Palaearctic Realm）	44
● アフリカ熱帯界（The Africotropical Realm）	29
● インドマラヤ界（The Indomalayan Realm）	27
● オセアニア界（The Australian Realm）	13
● 南極界（The Antarctic Realm）	4
● 新熱帯界（The Neotropical Realm）	47

群系（Biome）

● 熱帯湿潤林（Tropical humidforests）

● 亜熱帯および温帯雨林（Subtropical and Temperate rain forests or woodlands）

● 温帯針葉樹林（Temperate needle leaf forests or woodlands）

● 熱帯乾燥林または落葉樹林（モンスーン林を含む）

（Tropical dry or deciduous forests, including monsoon forests）

● 温帯広葉樹林および亜寒帯落葉低木密生林

（Temperate broad leaf forests or woodlands, and subpolar deciduous thicket）

● 常緑広葉樹林および低木林、疎林（Evergreen sclerophylous forests,scrubs or woodlands）

● 暖砂漠および半砂漠（Warm deserts and semideserts）

● 寒冬（大陸性）砂漠および半砂漠（Cold-winter（continental）deserts and semideserts）

● ツンドラ群集および極地荒原（Tundra communities and barren arctic desert）

● 熱帯草原およびサバンナ（Tropical grasslands and savannas）

● 温帯草原（Temperate grasslands）

● 複雑な地域区分を持つ山地・高地混在系

（Mixed mountain and highland systems with complex zonation）

● 島嶼混合系（Mixed island systems）

● 湖沼系（Lake systems）

（注）1. Udvardyの「世界の生物地理地区の分類」は、IUCNがユネスコの「人間と生物圏（MAB）」計画の為に1975年に作成し、世界遺産の比較分析や評価に使用されている。

2. 「世界の生物地理地区の分類」は、8つの界と各地区数の2段階区分と14の群系の組み合わせになっている。

自然遺産　自然の多様性

タイプ	主 な 物 件
山（山脈）	ケニア、ニンバ、キリマンジャロ、西ガーツ、◎峨眉山、◎黄山、◎武夷山、三清山、ムル、キナバル、サガルマータ、ペルデュー、アルタイ、シホテ・アリン、トワ・ピトン、ドロミティ
火　山	ハワイ（キラウェア）、カムチャッカ、サンガイ、トンガリロ
珊瑚礁	グレート・バリア・リーフ、ベリーズ・バリア・リーフ、トゥバタハ、アルダブラ、ロカス、ニューカレドニア、◎パパハナウモクアケア、フェニックス諸島
湾	ハーロン、シャーク、カリフォルニア
干潟・湿地	ワッデン海、ロックアイランド
フィヨルド	西ノルウェー・フィヨルド
川	三江併流、アビセオ川、プエルト・プリンセサ地底川、サンガ川
滝	イグアス、ヴィクトリア（モシ・オア・トゥニャ）
湖　沼	バイカル、プリトビチェ、◎オフリッド、マラウイ、ツルカナ、ウニアンガ
峡　谷	グランド・キャニオン
渓　谷	ヨセミテ、バレ・ド・メ
砂　漠	ナミブ、エル・ピナカテ/アルタル、
草　原	サリ・アルカ
盆　地	ウフス・ヌール
岩窟・洞窟	◎カッパドキア、ムル、フォンニャケバン、済州火山島と溶岩洞窟群
島	ガラパゴス、マクドナルド、◎セントキルダ、ココ、フレーザー、ハード、マックォーリー、屋久島、ヘンダーソン、エオリエ、ソコトラ、レユニオン
海　岸	コーズウェイ、ハイ・コースト、ニンガルー・コースト
岬	ジロラッタ、ポルト
半　島	ヴァルデス、知床
カルスト	スロヴァキア、中国南方
鍾乳洞	アグテレック、カールスバッド、マンモスケーブ
氷　河	ロス・グラシアレス、ユングフラウ・アレッチ・ビエッチホルン イルリサート・アイスフィヨルド
自然景観	武陵源、九寨溝、黄龍
化　石	ワディ・アル・ヒタン（ホウェール渓谷）、リバースリーとナラコーテ、◎ウィランドラ、メッセルピット、澄江、ローレンツ、カナディアン・ロッキー、ダイナソール、ミグアシャ、ジョギンズ、
隕石孔	フレデフォート・ドーム
地質構造線	サルドーナ、ケニア大地溝帯
熱帯林	サンダーバンズ、ウジュン・クロン、スマトラ、クィーズランドの湿潤熱帯地域、ニオコロ・コバ、ヴィルンガ、サロンガ、ジャフォナル、シアン・カアン、トワ・ピトン、カナイ
原生林（熱帯林除く）	カルパチア山脈の原生ブナ林、コミ、ベラベジュスカヤ・プッシャ／ビャウォヴィエジ
自然保護区	スカンドラ、スレバレナ、ニンバ山、アイルとテネレ、ジャ・フォナル、サピ・チェウォール、◎ンゴロンゴロ、ツィンギ・ド・ベマラハ、中央スリナム、プトラナ高原
生物圏保護区	◎セントキルダ、グレーシャーベイ、エバーグレーズ、リオ・プラターノ、オオカバマダ
鳥類保護区	ドナウ・デルタ、ジュジ、イシュケウル、ドニャーナ
動物保護区	マナス、セルース、エル・ヴィスカイノの鯨保護区、オカピ、ジャイアント・パンダ、マ
野生生物保護区	ゴフ島、トゥンヤイ・ファイ・カ・ケン

自然遺産の概要

大地溝帯のケニアの湖水システム（ケニア）
2011年登録
登録基準（vii）（ix）（x）

サンガ川の三か国流域
（コンゴ、中央アフリカ、カメルーン）
2012年登録
登録基準（ix）（x）

ニンバ山厳正自然保護区（ギニア／コートジボワール）
1981/1982年登録
登録基準（ix）（x）
★【危機遺産】1992年

自然遺産の概要

ケープ・フローラル地方の保護地域
（南アフリカ）
2004年／2015年登録
登録基準（ix）（x）

タジク国立公園（パミールの山脈）
（タジキスタン）
2013年登録
登録基準（vii）（viii）

中国丹霞（中国）
2010年登録
登録基準（vii）（viii）

雲南保護地域の三江併流（中国）
2003/2010年登録
登録基準（vii）（viii）（ix）（x）

西ノルウェー・フィヨルドー
ガイランゲル・フィヨルドとネーロイ・フィヨルド
（ノルウェー）
2005年登録登録基準（vii）（viii）

ハー・ロン湾（ヴェトナム）
1994年／2000年登録
登録基準（vii）（viii）

自然遺産の概要

ナミブ砂漠（ナミビア）
2013年登録
登録基準（vii）（viii）（ix）（x）

バイカル湖（ロシア連邦）
1996年登録
登録基準（vii）（viii）（ix）（x）

大地溝帯のケニアの湖水システム（ケニア）
2011年登録
登録基準登録基準（vii）（ix）（x）

自然遺産の概要

キリマンジャロ国立公園（タンザニア）
1987年登録
登録基準（vii）

セラード保護地域（ブラジル）
2001年登録
登録基準（ix）（x）

エトナ山（イタリア）
2013年登録
登録基準（viii）

自然遺産の概要

フェニックス諸島保護区（キリバス）
2010年登録　登録基準（vii）（ix）

グレート・バリア・リーフ（オーストラリア）
1984年登録
登録基準（vii）（viii）（ix）（x）

テ・ワヒポーナム（ニュージーランド）
1990年登録
登録基準登録基準（vii）（viii）（ix）（x）

自然遺産の概要

スイスの地質構造線サルドーナ（スイス）
2008年登録
登録基準（viii）

ワッデン海（オランダ／ドイツ／デンマーク）
2009年／2011年／2014年登録
登録基準（viii）（ix）（x）

西ノルウェー・フィヨルドーガイランゲル・フィヨルドと
ネーロイ・フィヨルド （ノルウェー）
2005年登録
登録基準（vii）（viii）

カムチャッカの火山群（ロシア連邦）
1996年/2001年登録
登録基準（vii）（viii）（ix）（x）

ガラパゴス（エクアドル）
1978年/2001年登録
登録基準（vii）（viii）（ix）（x）

ジョギンズ化石の断崖（カナダ）
2008年登録
登録基準（viii）

自然遺産の概要

自然遺産の概要

グランド・キャニオン（アメリカ合衆国）
1979年登録
登録基準（vii）（viii）（ix）（x）

オオカバマダラ蝶の生物圏保護区（メキシコ）
2008年登録
登録基準（vii）

セラード保護地域：ヴェアデイロス平原国立公園と
エマス国立公園（ブラジル）
2001年登録
登録基準（ix）（x）

自然遺産　面積規模上位30

順位	世界遺産名	国名	面積(ha)	世界遺産登録年
1	○ フェニックス諸島保護区	キリバス	40,825,000	2010年
2	◎ パパハナウモクアケア	アメリカ合衆国	36,207,499	2010年
3	○ グレート・バリア・リーフ	オーストラリア	34,870,000	1981年
4	○ ガラパゴス諸島	エクアドル	14,066,514	1978年 2001年
5	○ クルエーン／ランゲル-セントエライアス／ グレーシャー・ベイ／タッシェンシニ・アルセク	カナダ アメリカ合衆国	9,839,121	1979年 1992年 1994年
6	○ バイカル湖	ロシア連邦	8,800,000	1996年
7	○ アイルとテネレの自然保護区　★	ニジェール	7,736,000	1991年
8	◎ タッシリ・ナジェール	アルジェリア	7,200,000	1982年
9	○ 中央アマゾン保護区群	ブラジル	5,323,018	2000年 2003年
10	○ セルース動物保護区	タンザニア	5,120,000	1982年
11	○ ウッドバッファロー国立公園	カナダ	4,480,000	1983年
12	○ サロンガ国立公園　★	コンゴ民主共和国	3,600,000	1984年
13	○ コミの原生林	ロシア連邦	3,280,000	1995年
14	○ ナミブ砂海	ナミビア	3,077,700	2013年
15	○ カナイマ国立公園	ヴェネズエラ	3,000,000	1994年
16	○ タジキスタン国立公園（パミールの山脈）	タジキスタン	2,611,000	2013年
17	○ テ・ワヒポウナム−南西ニュージーランド	ニュージーランド	2,600,000	1990年
18	○ スマトラの熱帯雨林遺産　★	インドネシア	2,595,124	2004年
19	○ ローレンツ国立公園	インドネシア	2,505,600	1999年
20	○ カナディアン・ロッキー山脈公園	カナダ	2,299,104	1984年 1990年
21	○ 西オーストラリアのシャーク湾	オーストラリア	2,200,902	1991年
22	○ オカヴァンゴ・デルタ	ボツワナ	2,023,590	2014年
23	◎ カカドゥ国立公園	オーストラリア	1,980,995	1981年 1987年 1992年
24	○ プトラナ高原	ロシア連邦	1,887,251	2010年
25	○ マノボ・グンダ・サンフローリス国立公園　★	中央アフリカ	1,740,000	1988年
26	○ マヌー国立公園	ペルー	1,716,295	1987年
27	○ アルタイ・ゴールデン・マウンテン	ロシア連邦	1,611,457	1998年
28	○ 中央スリナム自然保護	スリナム	1,600,000	2000年
29	○ ノエル・ケンプ・メルカード国立公園	ボリヴィア	1,523,446	2000年
30	○ セレンゲティ国立公園	タンザニア	1,476,300	1981年

(出所)IUCNの資料等による。

(注)1.○ 自然遺産　◎ 複合遺産　★ 危機遺産
2.複数記載の登録年は、登録範囲の拡大などによるもの

自然遺産の概要

自然遺産　IUCNの管理カテゴリー

Ia 厳正保護地域（Strict Nature Reserve）と　Ib 原生自然地域　（Wildness Area）

学術研究、もしくは、原生自然の保護を主目的として管理される厳格な保護を必須とする地域。

例示： Ia ベマラハ厳正自然保護区のチンギ(マダガスカル)、ウジュン・クロン国立公園(インドネシア)、
ニュージーランドの亜南極諸島(ニュージーランド)、ゴフ島とイナクセサブル島(英国)、
スレバルナ自然保護区(ブルガリア)、パンタナル保護地域(ブラジル)

Ib エバーグレーズ国立公園(アメリカ合衆国)、ヨセミテ国立公園(アメリカ合衆国)、白神山地(日本)

II 国立公園 （National Park）

自然・生態系の保護とレクリエーションなどビジターの便宜を結びつけることを位置づけて管理される地域。

例示： モシ・オア・トゥニャ(ヴィクトリア瀑布)(ザンビア／ジンバブエ)、キナバル公園(マレーシア)、
小笠原諸島(日本)、サガルマータ国立公園(ネパール)、◎トンガリロ国立公園(ニュージーランド)、
カナディアン・ロッキー山脈公園(カナダ)、イグアス国立公園(アルゼンチン／ブラジル)

III 天然記念物 （Natural Monument）

特別な自然現象の保護を主目的として管理される地域。

例示： 黄龍の自然景観および歴史地区(中国)、九寨溝の自然景観および歴史地区(中国)

IV 種と生息地管理地域 （Habitat／Species Manegement Area）

管理を加えることによる保全を主目的として管理される地域で、事実上管理された自然保護地区
では、管理者は、生物種や生息地を保護し、もし必要ならば、回復する介入する。

例示： バレ・ドゥ・メ自然保護区(セイシェル)、◎ンゴロンゴロ保全地域(タンザニア)、
マナス野生動物保護区(インド)、◎武夷山(中国)、◎タスマニア原生地域(オーストラリア)、
◎セント・キルダ(英国)、バイカル湖(ロシア連邦)

V 景観保護地域 （Protected Landscape／Seascape）

景観の保護とレクリエーションを主目的として管理される地域で、農地や、他の形態の土地利用と共に、
文化があり、人が生活している景観の保護地域のこと。

例示： チトワン国立公園(ネパール)、スイス・アルプス ユングフラウ-アレッチ(スイス)、
エル・ヴィスカイノの鯨保護区(メキシコ)

VI 資源管理保護地域 （Manegement Resource Protected Area）

自然の生態系の接続可能利用を主目的として管理される地域で、主に地域の人々の利益のため、
天然資源が利用できるよう、慎重に設定された保護地域のこと。

例示： コモド国立公園(インドネシア)、雲南保護地域の三江併流(中国)、
ヴァルデス半島(アルゼンチン)

◎複合遺産

自然遺産の概要

自然遺産　IUCNの評価手続き

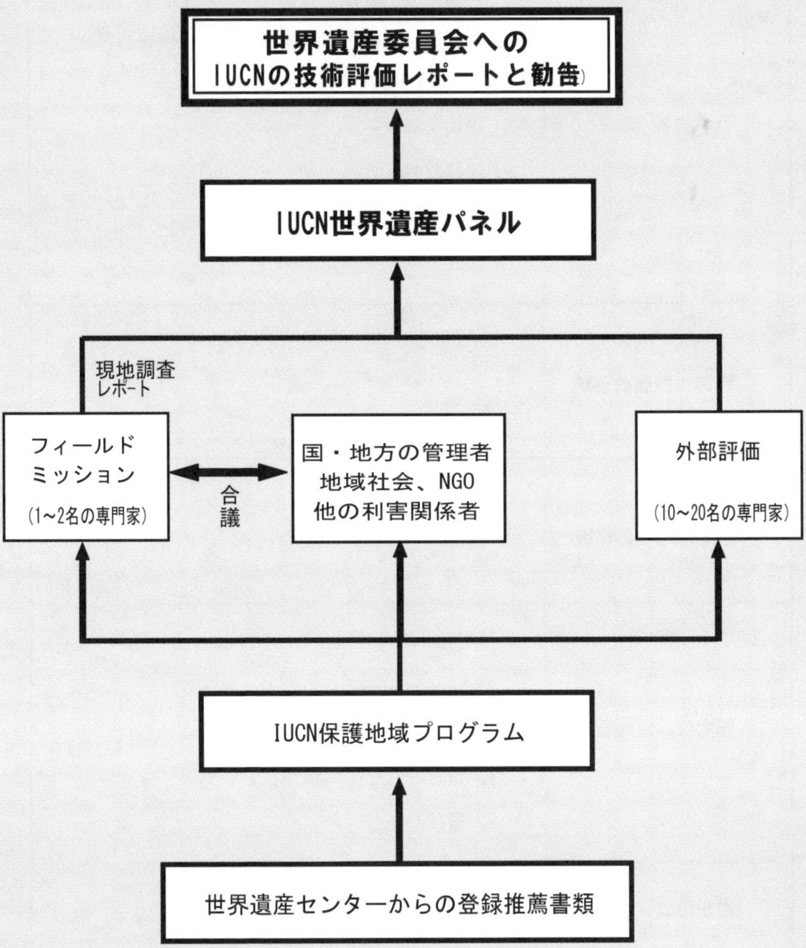

```
世界遺産委員会への
IUCNの技術評価レポートと勧告)
            ↑
     IUCN世界遺産パネル
```

現地調査
レポート

| フィールド
ミッション

(1～2名の専門家) | ←合議→ | 国・地方の管理者
地域社会、NGO
他の利害関係者 | | 外部評価

(10～20名の専門家) |

```
     IUCN保護地域プログラム

  世界遺産センターからの登録推薦書類
```

（注）勧告区分
I = Inscription　　　　登録（記載）
R = Referral　　　　　情報照会
D = Deferral　　　　　登録（記載）延期
N = Not to Inscribe　　不登録（不記載）

自然遺産の概要

自然遺産　IUCNの評価レポートの項目

文書資料	ⅰ）IUCNによる登録推薦書類受理日 ⅱ）締約国からの要請・受理した追加情報の有無 ⅲ）IUCN／WCMCのデータ・シート ⅳ）追加文献 ⅴ）協議資料 ⅵ）現地調査 ⅶ）本レポートのIUCNの承認日
自然の価値の要約	○概要 ○構成資産
他の地域との比較	
完全性、保護管理	○　保護 ○　境界（コア・ゾーンとバッファー・ゾーン） ○　管理 ○　コミュニティ（地域社会） ○　脅威
追加のコメント	シリアル・ノミネーション、登録物件名など
登録基準の適用	○申請された登録基準、根拠、IUCNの所見
勧　告	○世界遺産委員会への勧告

自然遺産　優先的な登録が望ましい地域

草　原	サヘルのサバンナと冠水草原 南ジョージア島を含む亜南極の草々 亜北極と北極のツンドラ
湿　地	南スーダンのスッド流域の大湿原 ヴォルガとレナ川の三角州（デルタ）
砂　漠	ナマクワランド原生花園 中央アジアの砂漠群
森　林	マダガスカルの湿潤林 チリ南部とアルゼンチン南部の森林
海　洋	紅海の珊瑚礁群 アンダマン海（海洋生態地域内） ベンゲラ海流（海洋） WWF生態地域内の諸島：フィジー、タヒチ カリフォルニア湾 モルディブ／チャゴス環礁群

（注）上記には、地質学上重要な地域は含めていない。

自然遺産の概要

自然遺産　IUCNの世界遺産委員会への評価の概要

締約国	物件名（ID番号）	注記	該当する登録基準				完全性				保護管理要件			追加必要事項	IUCNの勧告
			顕著な普遍的価値（OUV）												
			登録基準(vii)	登録基準(viii)	登録基準(ix)	登録基準(x)	完全性	境界	脅威	シリアル・アプローチの正当性	保護状況	管理	バッファー・ゾーン／周辺地域の保護		
世界遺産条約履行の為の作業指針のパラグラフ			77	77	77	77	78 87~95	99~102	78 98	137	78 132.4	78 108~118 132.4 135	103~107		
＜ 例 示 ＞															
A	○○○（　）		yes	—	yes	yes	yes	yes	part	yes	yes	yes	yes	no	I
B	○○○（　）	Exten-tion	no	no	—	—	no	no	no	—	no	part	no	no	NI
C	○○○（　）	—	—	—	part	part	part	no	part	—	part	no	part	yes	D
D	○○○（　）		part	part	—	—	part	part	part	—	no	part	no	yes	D
• • •	• • •	• • •	• • •	• • •	• • •	• • •	• • •	• • •	• • •	• • •	• • •	• • •	• • •	• • •	• • •

＜略語の意味＞

yes　met　該当
part　partially met　部分的に該当
no　not met　不適用
—　not applicable　不該当

Extention　登録範囲の拡大

I　inscribe / approve　登録（記載）／承認
NI　non inscribe　不登録（不記載）
R　refer　照会
D　defer　延期

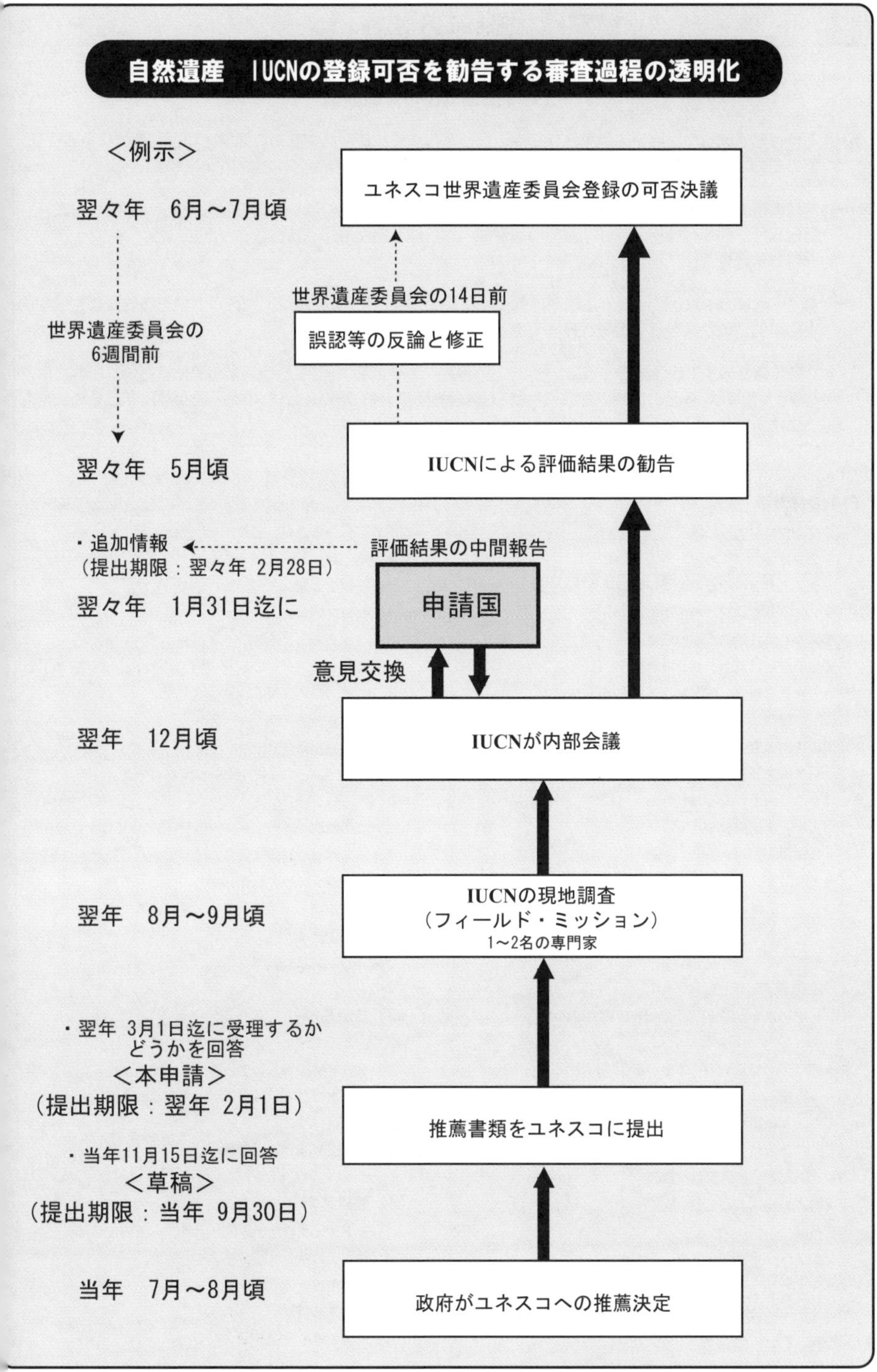

自然遺産　IUCNの登録可否を勧告する審査過程の透明化

＜例示＞

自然遺産の概要

翌々年　6月〜7月頃

ユネスコ世界遺産委員会登録の可否決議

世界遺産委員会の14日前

世界遺産委員会の
6週間前

誤認等の反論と修正

翌々年　5月頃

IUCNによる評価結果の勧告

・追加情報　◄----------------　評価結果の中間報告
（提出期限：翌々年 2月28日）

翌々年　1月31日迄に

申請国

意見交換

翌年　12月頃

IUCNが内部会議

翌年　8月〜9月頃

IUCNの現地調査
（フィールド・ミッション）
1〜2名の専門家

・翌年 3月1日迄に受理するか
　　　どうかを回答
　＜本申請＞
（提出期限：翌年 2月1日）

・当年11月15日迄に回答
　＜草稿＞
（提出期限：当年 9月30日）

推薦書類をユネスコに提出

当年　7月〜8月頃

政府がユネスコへの推薦決定

自然遺産関係の登録パターン

〔自然遺産関係の登録基準〕

(vii) もっともすばらしい自然的現象、または、ひときわすぐれた自然美をもつ地域、及び、美的な重要性を含むもの。→自然景観

(viii) 地球の歴史上の主要な段階を示す顕著な見本であるもの。これには、生物の記録、地形の発達における重要な地学的進行過程、或は、重要な地形的、または、自然地理的特性などが含まれる。→地形・地質

(ix) 陸上、淡水、沿岸、及び、海洋生態系と動植物群集の進化と発達において、進行しつつある重要な生態学的、生物学的プロセスを示す顕著な見本であるもの。→生態系

(x) 生物多様性の本来的保全にとって、もっとも重要かつ意義深い自然生息地を含んでいるもの。これには、科学上、または、保全上の観点から、すぐれて普遍的価値をもつ絶滅の恐れのある種が存在するものを含む。→生物多様性

(1) 登録基準 (vii)
- ○キリマンジャロ国立公園 (タンザニア)
- ○ウニアンガ湖群 (チャド)
- ◎バンディアガラの絶壁 (ドゴン族の集落) (マリ)
- ◎ワディ・ラム保護区 (ヨルダン)
- ○九寨溝の自然景観および歴史地区 (中国)
- ○武陵源の自然景観および歴史地区 (中国)
- ○黄龍の自然景観および歴史地区 (中国)
- ◎泰山 (中国)
- ○三清山国立公園 (中国)
- ◎ギョレメ国立公園とカッパドキアの岩窟群 (トルコ)
- ◎ヒエラポリスとパムッカレ (トルコ)
- ○サガルマータ国立公園 (ネパール)
- ◎アトス山 (ギリシャ)
- ◎メテオラ (ギリシャ)
- ◎オフリッド地域の自然・文化遺産 (マケドニア)
- ○オオカバマダラ蝶の生物圏保護区 (メキシコ)

(2) 登録基準 (vii) (viii)
- ○モシ・オア・トゥニャ (ヴィクトリア瀑布) (ザンビア/ジンバブエ)
- ◎タッシリ・ナジェール (アルジェリア)
- ○ルート砂漠 (イラン)
- ○タジキスタン国立公園 (パミールの山脈) (タジキスタン)
- ○ハー・ロン湾 (ヴェトナム)
- ○済州火山島と溶岩洞窟群 (韓国)
- ○中国南方カルスト (中国)
- ○中国丹霞 (中国)
- ◎チャンアン景観遺産群 (ヴェトナム)
- ○マックォーリー島 (オーストラリア)
- ◎パヌルル国立公園 (オーストラリア)
- ◎ウルル・カタ・ジュタ国立公園 (オーストラリア)

- ◎トンガリロ国立公園 (ニュージーランド)
- ○ジャイアンツ・コーズウェイとコーズウェイ海岸 (英国)
- ○ドロミーティ山群 (イタリア)
- ◎ピレネー地方- ペルデュー山 (フランス/スペイン)
- ○テイデ国立公園 (スペイン)
- ○シュコツィアン洞窟 (スロヴェニア)
- ○イルリサート・アイスフィヨルド (デンマーク)
- ○西ノルウェー・フィヨルドーガイランゲル・フィヨルドとネーロイ・フィヨルド (ノルウェー)
- ○ナハニ国立公園 (カナダ)
- ◎ダイナソール州立公園 (カナダ)
- ○カナディアン・ロッキー山脈公園群 (カナダ)
- ○グロスモーン国立公園 (カナダ)
- ○ヨセミテ国立公園 (アメリカ合衆国)
- ○カールスバッド洞窟群国立公園 (アメリカ合衆国)
- ○ロス・グラシアレス国立公園 (アルゼンチン)
- ○デセンバルコ・デル・グランマ国立公園 (キューバ)
- ○ピトン管理地域 (セントルシア)
- ○ワスカラン国立公園 (ペルー)

(3) 登録基準 (vii) (viii) (ix)
- ○フレーザー島 (オーストラリア)
- ○プリトヴィチェ湖群国立公園 (クロアチア)
- ○スイス・アルプス ユングフラウ-アレッチ (スイス)
- ◎ラップ人地域 (スウェーデン)
- ○ピリン国立公園 (ブルガリア)

(4) 登録基準 (vii) (viii) (ix) (x)
- ○バレ・ドゥ・メ自然保護区 (セイシェル)
- ◎ンゴロンゴロ保全地域 (タンザニア)
- ◎ナミブ砂海 (ナミビア)
- ○ムル山国立公園 (マレーシア)
- ○雲南保護地域の三江併流 (中国)

○クィーンズランドの湿潤熱帯地域（オーストラリア）
○グレート・バリア・リーフ（オーストラリア）
○西オーストラリアのシャーク湾（オーストラリア）
○タスマニア原生地域（オーストラリア）
○テ・ワヒポウナム-南西ニュージーランド（ニュージーランド）
○バイカル湖（ロシア連邦）
○カムチャッカの火山群（ロシア連邦）
○イエローストーン国立公園（アメリカ合衆国）
○グランドキャニオン国立公園（アメリカ合衆国）
○グレートスモーキー山脈国立公園（アメリカ合衆国）
○クルーエン／ランゲル－セントエライアス／グレーシャーベイ／
　タッシェンシニ・アルセク（カナダ／アメリカ合衆国）
○タラマンカ地方－ラ・アミスタ保護群／
　ラ・アミスタ国立公園（コスタリカ／パナマ）
○ガラパゴス諸島（エクアドル）
○サンガイ国立公園（エクアドル）
○リオ・プラターノ生物圏保護区（ホンジュラス）★
○カナイマ国立公園（ヴェネズエラ）

(5) 登録基準 (vii)(viii)(x)
○ヴィルンガ国立公園（コンゴ民主共和国）★
○ポルト湾：ピアナ・カランシェ、ジロラッタ湾、スカンドラ
　保護区（フランス）
○ドゥルミトル国立公園（モンテネグロ）
○マンモスケーブ国立公園（アメリカ合衆国）
○エル・ピナカテ／アルタル大砂漠生物圏保護区（メキシコ）

(6) 登録基準 (vii)(ix)
○屋久島（日本）
○エネディ山地の自然と文化的景観（チャド）
○ケニア山国立公園／自然林（ケニア）
○サロンガ国立公園（コンゴ民主共和国）★
○新疆天山（中国）
○ガラホナイ国立公園（スペイン）
○コミの原生林（ロシア連邦）
○プトラナ高原（ロシア連邦）
○ウォータートン・グレーシャー国際平和公園
　（アメリカ合衆国／カナダ）
○オリンピック国立公園（アメリカ合衆国）
○レッドウッド国立公園（アメリカ合衆国）
○マルペロ動植物保護区（コロンビア）
○マチュ・ピチュの歴史保護区（ペルー）

(7) 登録基準 (vii)(ix)(x)
○大地溝帯のケニアの湖水システム（ケニア）
○マナ・プールズ国立公園、サピとチェウォールの
　サファリ地域（ジンバブエ）
○アイルとテネレの自然保護区（ニジェール）★
○オカヴァンゴ・デルタ（ボツワナ）

○マラウイ湖国立公園（マラウイ）
○アルダブラ環礁（セイシェル）
○イシマンガリソ湿潤公園（南アフリカ）
○サンガネブ海洋国立公園とドゥンゴナブ湾
　・ムッカワル島海洋国立公園（スーダン）
○マナス野生動物保護区（インド）
◎スマトラの熱帯雨林遺産（インドネシア）★
○トゥンヤイ-ファイ・カ・ケン野生生物保護区（タイ）
○チトワン国立公園（ネパール）
○トゥバタハ珊瑚礁群自然公園（フィリピン）
◎カカドゥ国立公園（オーストラリア）
◎ロックアイランドの南部の干潟（パラオ）
○ニューカレドニアのラグーン群：珊瑚礁の多様性と関連する
　生態系群（フランス領ニューカレドニア）
○フランス領の南方・南極地域の陸と海（フランス）
◎セント・キルダ（英国）
○ドニャーナ国立公園（スペイン）
○ウッドバッファロー国立公園（カナダ）
○ダリエン国立公園（パナマ）
○大西洋森林南東保護区（ブラジル）
○パンタナル保護地域（ブラジル）
○ブラジルの大西洋諸島：フェルナンド・デ・ノロニャ島と
　ロカス環礁保護区（ブラジル）
○ベリーズ珊瑚礁保護区（ベリーズ）
◎リオ・アビセオ国立公園（ペルー）
○カリフォルニア湾の諸島と保護地域（メキシコ）★
○レヴィリャヒヘド諸島（メキシコ）

(8) 登録基準 (vii)(x)
○ブウィンディ原生国立公園（ウガンダ）
○ルウェンゾリ山地国立公園（ウガンダ）
○シミエン国立公園（エチオピア）
○タイ国立公園（コートジボワール）
○ガランバ国立公園（コンゴ民主共和国）★
○ジュジ国立鳥類保護区（セネガル）
○セレンゲティ国立公園（タンザニア）
○ベマラハ厳正自然保護区のチンギ（マダガスカル）
◎マロティ-ドラケンスバーグ公園（南アフリカ／レソト）
○ナンダ・デヴィ国立公園とフラワーズ渓谷国立公園（インド）
◎カンチェンジュンガ国立公園（インド）
○ウジュン・クロン国立公園（インドネシア）
○コモド国立公園（インドネシア）
◎黄山（中国）
◎武夷山（中国）
○青海可可西里（中国）
○プエルト・プリンセサ地底川国立公園（フィリピン）
○ロードハウ諸島（オーストラリア）
○ニンガルー・コースト（オーストラリア）
○ゴフ島とイナクセサブル島（英国領）
○ヘンダーソン島（英国領）

自然遺産の概要

○レユニオン島の火山群、圏谷群、絶壁群（フランス領）
○ドナウ河三角州（ルーマニア）
○シアン・カアン（メキシコ）
○イグアス国立公園（ブラジル）
○イグアス国立公園（アルゼンチン）
○ロス・アレルセス国立公園（アルゼンチン）

（9）登録基準（viii）
○バーバートン・マクホンワ山地（南アフリカ）
○フレデフォート・ドーム（南アフリカ）
○ワディ・アル・ヒタン（ホウェール渓谷）（エジプト）
○澄江の化石発掘地（中国）
◎ウィランドラ湖群地域（オーストラリア）
○ヴァトナヨークトル国立公園ー炎と氷のダイナミックな自然
　（アイスランド）
○エオリエ諸島（エオリアン諸島）（イタリア）
○エトナ山（イタリア）
○ドーセットおよび東デヴォン海岸（英国）
○ピュイ山脈とリマーニュ断層の地殻変動地域（フランス）
○メッセル・ピット化石発掘地（ドイツ）
○モン・サン・ジョルジオ（スイス／イタリア）
○スイスの地質構造線サルドーナ（スイス）
○ハイ・コースト／クヴァルケン群島（スウェーデン／フィンランド）
○スティーブンス・クリント（デンマーク）
○アグテレック・カルストとスロヴァキア・カルストの鍾乳洞群
　（ハンガリー／スロヴァキア）
○レナ・ピラーズ自然公園（ロシア連邦）
○ミグアシャ国立公園（カナダ）
○ジョギンズ化石の断崖（カナダ）
○ミステイクン・ポイント（カナダ）
○ハワイ火山群国立公園（アメリカ合衆国）
○イスチグアラスト・タランパヤ自然公園群（アルゼンチン）

（10）登録基準（viii）（ix）
○オーストラリアの哺乳類の化石遺跡
　（リバースリーとナラコーテ）（オーストラリア）
○ハード島とマクドナルド諸島（オーストラリア）

（11）登録基準（viii）（ix）（x）
○ローレンツ国立公園（インドネシア）
○フォン・ニャ・ケ・バン国立公園（ヴェトナム）
○オーストラリアのゴンドワナ雨林群（オーストラリア）
○ワッデン海（ドイツ／オランダ／デンマーク）
○エバーグレーズ国立公園（アメリカ合衆国）★
◎パパハナウモクアケア（アメリカ合衆国）

（12）登録基準（viii）（x）
○ツルカナ湖の国立公園群（ケニア）
○トワ・ピトン国立公園（ドミニカ国）

（13）登録基準（ix）
○ヒルカニア森林群（イラン）
○白神山地（日本）
○小笠原諸島（日本）
○イースト・レンネル（ソロモン諸島）★
○スルツェイ島（アイスランド）
○カルパチア山脈とヨーロッパの他の地域の原生ブナ林群
　（スロヴァキア／ウクライナ／ドイツ／スペイン／イタリア／
　ベルギー／オーストリア／ルーマニア／ブルガリア／スロヴェ
　ニア／クロアチア／アルバニア）
◎ピマチオウィン・アキ（カナダ）

（14）登録基準（ix）（x）
○知床（日本）
◎ロペ・オカンダの生態系と残存する文化的景観（ガボン）
◎ジャ・フォナル自然保護区（カメルーン）
○サンガ川の三か国流域
　（コンゴ／カメルーン／中央アフリカ）
○ニンバ山厳正自然保護区（ギニア／コートジボワール）★
○コモエ国立公園（コートジボワール）
○セルース動物保護区（タンザニア）★
○マノヴォ・グンダ・サン・フローリス国立公園
　（中央アフリカ）★
○W・アルリ・ペンジャリ国立公園遺産群
　（ニジェール／ベナン／ブルキナファソ）
○アツィナナナの雨林群（マダガスカル）★
○ケープ・フローラル地方の保護地域（南アフリカ）
◎アルガン岩礁国立公園（モーリタニア）
◎イラク南部の湿原：生物多様性の安全地帯とメソポタミア
　都市景観の残存景観（イラク）
○サリ・アルカ−カザフスタン北部の草原と湖沼群
　（カザフスタン）
○カジランガ国立公園（インド）
○スンダルバンス国立公園（インド）
○西ガーツ山脈（インド）
○シンハラジャ森林保護区（スリランカ）
○スリランカの中央高地（スリランカ）
○サンダーバンズ（バングラデシュ）
○ウフス・ヌール盆地（モンゴル／ロシア連邦）
○ダウリアの景観群（モンゴル／ロシア連邦）
○キナバル公園（マレーシア）
○湖北省の神農架景勝地（中国）
○グレーター・ブルー・マウンテンズ地域（オーストラリア）
○ニュージーランドの亜南極諸島（ニュージーランド）
◎イビサの生物多様性と文化（スペイン）
○マデイラ島のラウリシールヴァ（ポルトガル）
○ビャウォヴィエジャ森林（ベラルーシ／ポーランド）
○西コーカサス（ロシア連邦）
○ウランゲリ島保護区の自然体系（ロシア連邦）

○テワカン-クイカトラン渓谷：メソアメリカの最初の生息地
（コロンビア）

◎ティカル国立公園（グアテマラ）

○ココ島国立公園（コスタリカ）

○グアナカステ保全地域（コスタリカ）

○コイバ国立公園とその海洋保護特別区域（パナマ）

○アレハンドロ・デ・フンボルト国立公園（キューバ）

○ロス・カティオス国立公園（コロンビア）

○中央スリナム自然保護区（スリナム）

○ブラジルが発見された大西洋森林保護区（ブラジル）

○中央アマゾン保護区群（ブラジル）

○セラード保護地域：ヴェアデイロス平原国立公園とエマス
国立公園（ブラジル）

○マヌー国立公園（ペルー）

○ノエル・ケンプ・メルカード国立公園（ボリヴィア）

○カンペチェ州、カラクルムの古代マヤ都市と熱帯林保護区
（メキシコ）

(15) 登録基準 (x)

○オカピ野生動物保護区（コンゴ民主共和国）★

○カフジ・ビエガ国立公園（コンゴ民主共和国）★

○ニオコロ・コバ国立公園（セネガル）★

○イシュケウル国立公園（チュニジア）

○ソコトラ諸島（イエメン）

○西天山（カザフスタン／キルギス／ウズベキスタン）

○ケオラデオ国立公園（インド）

○グレート・ヒマラヤ国立公園保護地域（インド）

○ドン・ファヤエン− カオヤイ森林保護区（タイ）

◎楽山大仏風景名勝区を含む峨眉山風景名勝区（中国）

○四川省のジャイアント・パンダ保護区群
 −臥龍、四姑娘山、夾金山脈（中国）

○梵浄山（中国）

○中国の黄海・渤海湾沿岸の渡り鳥保護区群（第1段階）
（中国）

○ハミギタン山脈野生生物保護区（フィリピン）

○スレバルナ自然保護区（ブルガリア）

○アルタイ・ゴールデン・マウンテン（ロシア連邦）

○ビギン川渓谷（ロシア連邦）

○ブルー・ジョン・クロウ山脈（ジャマイカ）

○ヴァルデス半島（アルゼンチン）

○エル・ヴィスカイノの鯨保護区（メキシコ）

○テワカン-クイカトラン渓谷：メソアメリカの最初の生息地
（メキシコ）

◎パラチとイーリャ・グランデー文化と生物多様性（ブラジル）

自然遺産の概要

梵浄山（中国）
自然遺産（登録基準(x)）　2018年

世界遺産リストに登録されている自然遺産

青海可可西里（中国）
自然遺産（登録基準(vii)(x)）　　2017年

〈アフリカ〉

24か国（43物件 ○38 ◎5）

ウガンダ共和国 （2物件 ○2）

○ブウィンディ原生国立公園
（Bwindi Impenetrable National Park）
ブウィンディ原生国立公園は、かつてチャーチルが「黒い大陸の真珠」、「緑の国」と呼んだ国、ウガンダの南西部の標高1200〜2600mの山あいにある人跡稀な森林地帯。この公園は、動物相も植物相もその種類の多いことで知られる。特にシダ類の種類は100種を超え、他に例を見ない。160種の樹木が原生林を形成し、そこに棲む動物も、絶滅危惧種のマウンテンゴリラをはじめ、カッコウハヤブサ、アカムネハイタカ、ハチクマなどの鳥類、200種以上の蝶類などが見られる。マウンテンゴリラは保護政策によりその繁殖も進み、現在は約300頭、全マウンテンゴリラの約半数がこの地域に生息している。
自然遺産（登録基準(vii)(x)） 1994年

○ルウェンゾリ山地国立公園
（Rwenzori Mountains National Park）
ルウェンゾリ山地国立公園は、コンゴ民主共和国との国境にあり、アフリカ第3の高峰マルゲリータ山（5109m）を中心にアルバート湖、エドワード湖、赤道直下の氷河などを点在させる5つの山塊からなる10万haの山岳地帯で、1952年には国立公園にも指定されている。ルウェンゾリ山地国立公園は、「月の山」の伝説があり、また、熱帯雨林からサバンナに及ぶ豊かな植生が見られ、ゾウ、チンパンジー、猿、ダイカー、マングース、そして、ボンゴ、アカスイギュウ、ダイカー、木登りライオンなどの珍獣も生息しており1979年にユネスコMAB生物圏保護区に指定されている。地域紛争などから1999年に危機にさらされている世界遺産に登録されたが、2004年に解除となった。
自然遺産（登録基準(vii)(x)） 1994年

エチオピア連邦民主共和国 （1物件 ○1）

○シミエン国立公園 （Simien National Park）
シミエン国立公園は、エチオピア北西部、タナ湖の北東約110kmのナイル川の源流域、「アフリカの屋根」と呼ばれる標高4,624mのエチオピアの最高峰ラス・ダシェン山などの高山、深い渓谷、鋭い絶壁を擁する壮大な自然　景観を誇るシミエン山地が中心で、1969年に国立公園に指定されている。シミエン国立公園には、絶滅の危機にさらされているシメジャッカル、ここにしか見られない珍獣でライオン顔をした霊長類のゲラダヒヒ、高地ヤギのワリアア・イベックス、シミエンギツネなどの固有種、鳥類、爬虫類、昆虫、植物が見られる。密猟、人口増加、道路建設、耕作地の拡張による過度な自然生態系の破壊などの理由により1996年に「危機にさらされている世界遺産リスト」に登録されていたが、影響の少ない道路建設や放牧管理計画が策定されるなど改善措置が講じられた為、2017年の第41回世界遺産委員会クラクフ会議で「危機遺産リスト」から解除された。
自然遺産（登録基準(vii)(x)） 1978年

ガボン共和国 （1物件 ◎1）

◎ロペ・オカンダの生態系と残存する文化的景観
（Ecosystem and Relict Cultural Landscape of Lopé-Okanda）
ロペ・オカンダの生態系と残存する文化的景観は、ガボン中央部のオゴウェ・イヴィンド州とオゴウェ・ロロ州にある登録面積（コア・ゾーン）が491,291ha バッファー・ゾーンが150,000haの複合遺産で、熱帯雨林、それに1万5千年前の氷河期に形成され残存したサバンナの森林生態系と、ニシローランドゴリラ、マンドリル、ニシウオウチンパンジー、クロコロブスなど絶滅の危機にさらされている哺乳類の生息地を含む豊かな生物多様性を誇る。また長期にわたってバンツー族やピグミー族などの民族がここを居住地としたため、新石器時代と鉄器時代の遺構や、1800点もの岩石画が、オゴウェ川渓谷のデュゥダ、コンゴ・ブンバー、リンディリ、エポナなどの丘陵、洞窟、岩壁に残されている。これは、オゴウェ川渓谷沿いの西アフリカからコンゴの森林の北部やアフリカ中央部や南部へ移住しサハラ以南の発展を形成した民族移動の主要ルートであったことを反映するものである。ロペ・オカンダの生態系と残存する文化的景観は、ガボン初の世界遺産である。
複合遺産（登録基準(iii)(iv)(ix)(x)） 2007年

カメルーン共和国 （2物件 ○2）

○ジャ・フォナル自然保護区 （Dja Faunal Reserve）
ジャ・フォナル自然保護区は、カメルーンの南部、遂にはザイール川に合流する、蛇行して流れるジャ川の上流、赤道直下の熱帯雨林が広がる総面積5300km²、平均標高600mの人跡未踏の台地。ニシローランドゴリラ、チンパンジー、オオハナジログエノン、アフリカスイギュウ、ゾウ、などの野生動物、また、マホガニーなどの原生林、ラン、シダなど豊かな植物が原始のままに守られている。伝統的な狩猟生活を営む原住民ピグミー族が居住している。
自然遺産（登録基準(ix)(x)） 1987年

○サンガ川の三か国流域 （Sangha Trinational）
サンガ川の三か国流域は、アフリカの中部、コンゴ川の支流であるサンガ川が流れるコンゴ、カメルーン、中央アフリカの三か国にまたがる国際的な自然景観保護地域。総面積が450万ha以上で、コンゴのヌアバレ・ンドキ国立公園、カメルーンのロベケ国立公園、中央アフリカのザンガ・ンドキ国立公園が含まれる。熱帯雨林、密林と湿原が広がる流域には、森林の間を縫って無数の小河川が大小さまざまな湖沼と共に水系生態系を形成している。三か国は2000年12月に森林景観管理協定に合意。また、この流域には、マルミミゾウ、西ローランド・ゴリラ、チンパンジー、ボンゴなど多様な野生動物が高密度で生息しており、生物多様性の保護も、きわめて重要である。この地域では、自然や動

観察だけではなく、バカ・ピグミーの生活や文化にも
出会えるが、森林の伐採、道路建設、人口の増加、密猟
の横行などの脅威や危険にもさらされている。
自然遺産（登録基準(ix)(x)）　2012年
コンゴ／カメルーン／中央アフリカ

ギニア共和国 (1物件 ○1)

○ニンバ山厳正自然保護区
（Mount Nimba Strict Nature Reserve）
ニンバ山厳正自然保護区は、ギニア、コートジボワー
ル、リベリアの3国にまたがる総面積220km²の熱帯雨林
の自然保護区。西アフリカで最も高い標高1752mのニン
バ山を中心にマホガニーなど原始の広大な密林が広が
る為、この地固有のネズミ科の哺乳類や珍しい昆虫
類、貴重な地衣類、真菌類、コケ類などの植物も豊富
で、1980年にはギニア側のニンバ山はユネスコのMAB生
物圏保護区に指定されている。1992年に、鉄鉱山開
発、難民流入、森林伐採、不法放牧、河川の汚染の理
由で「危機にさらされている世界遺産リスト」に登録さ
れた。京都大学霊長類研究所が「西および東アフリカに
生息する大型類人猿の行動・生態学の研究」の為、ニン
バ山やボッソウのチンパンジー生息地についても調査
を行っている。今後の課題として、リベリア側も登録
範囲に含めることが期待される。
自然遺産（登録基準(ix)(x)）　1981年/1982年
【危機遺産】1992年
ギニア／コートジボワール

ケニア共和国 (3物件 ○3)

○ツルカナ湖の国立公園群
（Lake Turkana National Parks）
ツルカナ湖の国立公園群は、ケニア北部の「黒い水」と
呼ばれるツルカナ湖の東海岸にあり、シビロイ国立公
園、セントラル・アイランド国立公園、サウス・アイラ
ンド国立公園の構成資産からなる。アフリカ大地溝帯
にあり、ナイルスズキや多くの鳥類が棲むツルカナ湖
の生態系や生息環境は、動植物の貴重な研究地区とな
っている。また、この湖はナイル・ワニやカバの繁殖地
で、1970年代に哺乳類の化石等が発見され、湖底の古
環境の研究も進められている。2001年に登録範囲を
サウス・アイランド国立公園も含め、以前の「シビロ
イ／セントラル・アイランド国立公園」（1997年12月登
録）から登録名称も変更になった。2018年の第42回世
界遺産委員会マナーマ会議で、エチオピアのギベⅢ
（GibeⅢ）ダム建設による湖面水位の低下と塩分濃度
の上昇により生態系が破壊される危惧があることから
「危機遺産リスト」に登録された。
自然遺産（登録基準(viii)(x)）　1997年／2001年
【危機遺産】2018年

○ケニア山国立公園／自然林
（Mount Kenya National Park／Natural Forest）
ケニア山国立公園／自然林は、首都ナイロビから北方
約100km、ケニアの中央部にある大自然と動物たちの
楽園。その中に、アフリカ第2の高山で、かつては、土

地の言葉で「キリニャガ」（輝く山）と呼ばれていたケニ
ア山（5199m）が、シンボリックにそびえ立っている。赤
道直下にあるが、約300万年前の火山活動によって隆起
したチンダル氷河など12か所の氷河帯とU字型の氷河渓
谷があり、万年雪を頂く頂上部は、最高峰のバチアン
と第2のポイント・ネリオンの2つの峰をもっている。氷
河を冠した頂上と中腹の森林地帯は、東アフリカ第一
級の絶景をなしており、標高4000m前後には湖、2000～
3000m以下に森林地帯が、2000m以下の山麓には高原が
広がっている。標高3600m以上の高山帯では、アフリカ
固有のジャイアント・セネシオなどの高山植物が群生し
ており、植物生態系の貴重な研究対象となっている。
また、ゾウ、バッファロー、カモシカなどの野生動物も
数多く生息する。20世紀の初頭からチンダル氷河など
は一貫して後退し、これに伴い各植物相は前進、今後の
地球温暖化がケニア山の生態系に及ぼす影響を
調査する標本にもなっている。1949年にケニア山国立
公園となり、ケニア野生生物公社の保護管理下に置か
れている。2013年の第37回世界遺産委員会プノンペン
会議で、レワ野生生物保護区（LWC）とンガレ・ンダレ森
林保護区（NNFR）を含め登録範囲を拡大した。
自然遺産（登録基準(vii)(ix)）　1997年／2013年

○大地溝帯のケニアの湖水システム
（Kenya Lake System in the Great Rift Valley）
大地溝帯のケニアの湖水システムは、アフリカ大陸の
東部、ケニアの中央部のリフトバレー州にある。ケニ
アの湖水システムは、総面積32,034ha、3つのアルカリ
性の浅い湖群であるボゴリア湖（10,700ha）、ナクル湖
（18,800ha）、エレメンタイタ湖（2,534ha）と周辺地域か
らなる。これらの湖群は、主に地殻変動や火山活動が
特有の景観を形成した巨大な地溝帯の上で見つかって
いる。世界で最大級の鳥類の多様性や13種の絶滅危惧
鳥類が、これらの相関する小さな湖水システムの中で
記録されており野鳥の宝庫である。通年、400万羽もの
コフラミンゴが3つの浅い湖群間を移動する野生的な美
しい光景が際立っている。他にも、クロサイ、キリ
ン、ライオン、チーター、ヒョウなど多くの野生動物
が見られる。火山の噴出物のある地溝帯は、温泉
群、間欠泉、険しい断崖で囲まれており、湖群の周辺
の自然環境は、類ない自然体験の場になっている。
自然遺産（登録基準(vii)(ix)(x)）　2011年

●ティムリカ・オヒンガの考古学遺跡
（Thimlich Ohinga Archaeological Site, Kenya）
ティムリカ・オヒンガの考古学遺跡は、ケニアの西部
のヴィクトリア湖地域、ニャンザ州ミゴリ県の北西
46kmにある14世紀以来の石造の集落遺跡である。世界
遺産の登録面積は21ha、バッファー・ゾーンは33ha、構

コートジボワール共和国 (3物件 ○3)

○ニンバ山厳正自然保護区
（Mount Nimba Strict Nature Reserve）
自然遺産（登録基準(ix)(x)）　1981年／1982年
★【危機遺産】1992年
（ギニア／コートジボワール）　→ギニア

○ 自然遺産　◎ 複合遺産　★ 危機遺産

世界遺産リストに登録されている自然遺産

○**タイ国立公園**（Taï National Park）
タイ国立公園は、コートジボワール南西部のリベリアとの国境を流れるカヴァレイ川とササンドラ川の間の低地にある。タイ国立公園は、西部アフリカに残された最後の原生熱帯多雨林地帯の1つとして、1972年に3300km²が国立公園に（1977年に隣接地1560km²が監視地区に）指定された。高温多湿の気候の為、樹高40〜50mの巨木がジャングルに育ち、アフリカゾウ、チンパンジー、アカコロブス、ダイアナモンキー、ワニ、ヒョウ、アフリカ・スイギュウ、コビトカバ、イボイノシシ、ジャコウネコ、それに多数の鳥類など豊かな生物相を誇る国立公園。一方、森林伐採には歯止めがかかっているものの、あとを絶たない心ない密猟によるアフリカゾウなどの生息数の減少、それに多くの希少な動植物の種の絶滅も危惧されている。環境教育プログラムを通じてこの地域の保護の大切さが叫ばれ、エコ・ツーリズムなども実施されている。
自然遺産（登録基準(vii)(x)）　1982年

○**コモエ国立公園**（Comoé National Park）
コモエ国立公園は、コートジボワールの北東部にある西部アフリカ最大の面積11500km²、海抜250〜300mの台地とコモエ川流域に展開する、森林、サバンナ、草原である。1968年に国立公園に指定された。保護地域としても、西アフリカで最大級である。これらの豊かな自然環境は、草原のアフリカゾウ、ライオン、ヒョウ、イボイノシシ、ワニ、アンテロープ（レイヨウ）、サル、チンパンジー、カバなどの動物やアフリカで最多種を誇るコウノトリ、ハゲワシなど400種の鳥類など多様な野生動物と多種の野生植物を育んでいる。コモエ国立公園は、1983年にユネスコのMAB計画による生物多様性保護区にも指定されている。狩猟は、全面的に禁止されているが、密猟者が絶えない。野生動物の密猟、大規模な牧畜、管理不在の理由で、2003年に「危機にさらされている世界遺産リスト」に登録された。内戦の終結、保護活動の進展など改善措置が講じられた為、2017年の第41回世界遺産委員会クラクフ会議で「危機遺産リスト」から解除された。
自然遺産（登録基準(ix)(x)）　1983年

コンゴ共和国（1物件　○1）

○**サンガ川の三か国流域**（Sangha Trinational）
自然遺産（登録基準(ix)(x)）　2012年
（コンゴ／カメルーン／中央アフリカ）
→カメルーン

コンゴ民主共和国（旧ザイール）（5物件　○5）

○**ヴィルンガ国立公園**（Virunga National Park）
ヴィルンガ国立公園（旧アルベール国立公園）は、赤道直下の熱帯雨林帯から5110mのルウェンゾリ山迄の多様な生態系を包含し、ルワンダとウガンダの国境沿いに南北約300km、東西約50kmにわたって広がる1925年に指定されたアフリカ最古の国立公園で、鳥類も豊富であり、ラムサール条約の登録湿地にもなっている。ヴィ

ルンガ山脈を越えると南方にはキブ湖が広がり風光明媚。大型霊長類のマウンテン・ゴリラの聖地で、ジョンバ・サンクチュアリは、その生息地であるが、密猟などで絶滅危惧種となっている。また、中央部のエドワード湖には、かつては20000頭のカバが生息していたが、現在は800頭ほどにも激減している。難民流入、密猟などにより1994年に「危機にさらされている世界遺産リスト」に登録された。2008年10月、北キヴ州での政府軍と反政府勢力との衝突激化で、マウンテン・ゴリラの生息地も被害を受けた。2007年の第31回世界遺産委員会で監視強化メカニズムが適用された。
自然遺産（登録基準(vii)(viii)(x)）　1979年
★**【危機遺産】**1994年

○**ガランバ国立公園**（Garamba National Park）
ガランバ国立公園は、コンゴ民主共和国の北東部、スーダンとの国境の白ナイル川上流に広がる一大サバンナ地帯。1938年に国立公園に指定された標高800m前後のガランバ国立園内には、アカ川やガランバ川が流れ、森や沼が点在する。典型的なサバンナ気候で、スーダンとコンゴにしかいない絶滅の危機にさらされているキタシロサイ、また、キリン、アフリカゾウ、カバなどの大型哺乳動物の生息に適している。キタシロサイなどの密猟がたえず1984年に「危機にさらされている世界遺産」に登録されたが、当局が密猟者対策を講じ、十分な成果を挙げることに成功、1992年に危機遺産リストから解除された。しかし、その後ウガンダ反政府武装組織「神の抵抗軍」（LRA）や難民の流入、国内の治安の悪化などによって、キタシロサイの密猟が再発、1996年に再び「危機にさらされている世界遺産」に登録された。2007年の第31回世界遺産委員会で監視強化メカニズムが適用された。
自然遺産（登録基準(vii)(x)）　1980年
★**【危機遺産】**1996年

○**カフジ・ビエガ国立公園**（Kahuzi-Biega National Park）
カフジ・ビエガ国立公園は、ルワンダとの国境にあるキブ湖の西岸にある。地名の由来が示すように、カフジ山（3,308m）とビエガ山（2,790m）の高山性熱帯雨林と竹の密林、沼地、泥炭湿原の複雑な地形をもつ。1970年に国立公園に指定されたのは絶滅が危惧されている固有種のヒガシローランド・ゴリラの保護が目的であったが、国立公園内にはチンパンジー、ヒョウ、サーバルキャット、マングース、ゾウ、アフリカ・スイギュウや多くの鳥類も生息している。1997年、密猟、地域紛争、難民の流入、過剰伐採に森林破壊などの理由で「危機にさらされている世界遺産」に登録された。2007年の第31回世界遺産委員会で、ルワンダ解放民軍（FDLR）やコルタン鉱石の採掘などに対する政府の対応など監視強化メカニズムが適用された。
自然遺産（登録基準(x)）　1980年
★**【危機遺産】**1997年

○**サロンガ国立公園**（Salonga National Park）
サロンガ国立公園は、コンゴ民主共和国中央部のコンゴ盆地にあり、コンゴ川、ロメラ川、サロンガ川などの河川が流れている。サロンガ国立公園は、コンゴ民主共和国最大の国立公園で、アフリカの国立公園の

世界遺産リストに登録されている自然遺産

でも第2位の規模を誇り、赤道直下に広がる熱帯原生林を保護する為に1970年に国立公園に指定された。高温多湿の深い密林、それにロメラ川の急流が、ピグミー・チンパンジーのボノボ、オカピ、クロコダイル、コンゴクジャク、ボンゴ、センザンコウなど貴重な動植物の保護に役立っている。 1999年に密猟や住宅建設などの都市化が進行し、「危機にさらされている世界遺産リスト」に登録された。2007年の第31回世界遺産委員会で監視強化メカニズムが適用された。

自然遺産（登録基準(vii)(ix)） 1984年
★【危機遺産】1999年

○オカピ野生動物保護区 （Okapi Wildlife Reserve）
オカピ野生動物保護区は、コンゴ民主共和国の北東部、エプル川沿岸の森林地帯にある。オカピ野生動物保護区は、イトゥリの森と呼ばれるコンゴ盆地東端部のアフリカマホガニーやアフリカチークなど7,000種にのぼる樹種が繁る熱帯雨林丘陵地域の5分の1を占める。絶滅に瀕している霊長類や鳥類、そして、5,000頭の幻の珍獣といわれるオカピ（ウマとロバの中間ぐらいの大きさ）が生息している。また、イトゥリの滝やエプル川の景観も素晴らしく、伝統的な狩猟人種のピグミーのムブティ族やエフェ族の住居もこの野生動物保護区にある。森林資源の宝庫ともいえるイトゥリの森では、森林の伐採が進んでおり、伝統的な狩猟民や農耕民の生活にも大きな打撃を与えることが心配されている。オカピ野生動物保護区は、1997年に、武力紛争、森林の伐採、金の採掘、密猟などの理由で「危機にさらされている世界遺産リスト」に登録された。2007年の第31回世界遺産委員会で監視強化メカニズムが適用された。

自然遺産（登録基準(x)） 1996年
★【危機遺産】1997年

ザンビア共和国 （1物件 ○1）

○モシ・オア・トゥニャ （ヴィクトリア瀑布）
（Mosi-oa-Tunya/ Victoria Falls）
モシ・オア・トゥニャ（ヴィクトリア瀑布）は、ザンビアの南部州リヴィングストン地区とジンバブエの北マタベレランド州ワンゲ地区にあり、ナイアガラの滝、イグアスの滝と共に世界三大瀑布のひとつである。幅700m、最大落差150mでザンビアとジンバブエ両国境を流れる南アフリカーの大河ザンベジ川の中流に、轟音を響かせる水煙のパノラマを展開する。現地語のモシ・オア・トゥニャは、「雷鳴のような水煙」の意。その水量は、最大時毎分54万トンと膨大で、滝の水煙は30km先からも見えるといわれる。この滝を1855年11月16日に初めて探検した英人探検家のデヴィット・リヴィングストン（1813～1873年）が名付け親で、母国英国のヴィクトリア女王（1837～1901年）の名前に由来する。滝から数キロメートル上流の動物公園では、キリン、バッファロー、シマウマ、テン、エランド、レイヨウなどが見られる。モシ・オア・トゥニャ（ヴィクトリア瀑布）は、都市開発、観光客の増加、外来種などの脅威や危険への対応策など、ザンビアとジンバブエ両国による共同の保護管理計画の策定が求められている。

自然遺産（登録基準(vii)(viii)） 1989年

ザンビア／ジンバブエ

ジンバブエ共和国 （2物件 ○ 2）

○マナ・プールズ国立公園、サピとチェウォールのサファリ地域
（Mana Pools National Park, Sapi and Chewore Safari Areas）
マナ・プールズ国立公園、サピとチェウォールのサファリ地域は、ジンバブエの北部、マショナランド地方の1000㎡近いザンベジ高地のザンビア谷の一部にある。ザンベジ川の中流、大地構帯の断層が横切る堆積盆地周辺に広がる草原と森林地帯6766km²に、ゾウ、サバンナシマウマ、アフリカスイギュウ、インパラなどの草食動物、水辺のワニ、鳥類300種以上が生息する。ザンベジ川は定期的に氾濫し、肥沃な土壌を形成し、多くの動物の生息に適した地域を造り上げた。ザンベジ川の岸辺は絶滅の危機に瀕したナイルワニの貴重な生息地としても知られている。この地域は、肉食性哺乳動物は少ないので、ガイドなしのサファリ観光が楽しめる。

自然遺産（登録基準(vii)(ix)(x)） 1984年

○モシ・オア・トゥニャ （ヴィクトリア瀑布）
（Mosi-oa-Tunya/ Victoria Falls）
自然遺産（登録基準(vii)(viii)） 1989年
（ザンビア／ジンバブエ）→ザンビア

セイシェル共和国 （2物件 ○ 2）

○アルダブラ環礁 （Aldabra Atoll）
アルダブラ環礁は、アフリカ東海岸から640km、インド洋上にある珊瑚礁で、総面積約155km²、海抜3mの4つの珊瑚島から構成されている。太古のゴンドワナ大陸から分かれたとされる島は、生息数世界一を誇るアルダブラ・ゾウガメの生息地、絶滅危惧種のタイマイやアオウミガメの産卵地、固有鳥のクロトキ、ノドジロクイナ、グンカンドリなど豊富な種類の鳥の生息地としても有名である。1960年代以来、環礁全体の調査、タイマイやアオウミガメの生息数の調査などの科学調査、それに、セイシェル政府の気象観測所が設置されている。

自然遺産（登録基準(vii)(ix)(x)） 1982年

○バレ・ドゥ・メ自然保護区
（Vallée de Mai Nature Reserve）
バレ・ドゥ・メは、マヘ島の北東50kmにあるプラスリン島のプラスリン国立公園の中心部にある。バレ・ドゥ・メは、「巨人の谷」を意味する名の渓谷で、自然保護区に指定されている。バレ・ドゥ・メは、その実が30cmを超えるセイシェル固有のココ・デ・メールと呼ばれる天然ヤシの原生林など樹齢百年の巨大な木々が繁茂している。ココ・デ・メールは、かつては、深海に生えるヤシの木から取れる海のココナツだと信じられていた。バレ・ドゥ・メには、クロインコ、セイシェル・キアシヒヨドリ、セイシェル・タイヨウチョウ、セイシェル・ルリバトなど世界的に珍しい鳥が生息している。

自然遺産（登録基準(vii)(viii)(ix)(x)） 1983年

○ 自然遺産 ◎ 複合遺産 ★ 危機遺産

世界遺産リストに登録されている自然遺産

セネガル共和国 （2物件 ○2）

○ニオコロ・コバ国立公園
（Niokolo-Koba National Park）
ニオコロ・コバ国立公園は、セネガルの南西部、ギニアとの国境近くのタンバクンダ地方にある総面積913000haの西部アフリカ最大の自然公園。国立公園内を流れるガンビア川を本流に、北東にはニオコロ・コバ川、西にはクルントゥ川が蛇行を繰り返し、森林や草原など豊かな緑を潤している。公園の大部分は、乾燥地帯であるスーダン・サバンナから湿地帯のギニア森林への移行地帯となっており、2つの植生区分をもつ。そのため、生息する動物も多種多彩で、絶滅の危機にあるジャイアントイランドやイランド、コーブ、ローンアンテロープ、ハーテービースト、キリン、ライオン、ヒョウ、カバ、アフリカゾウ、ナイルワニなどが見られる。哺乳類は約80種、その他、330種の鳥類、36種の爬虫類、20種の両生類、60種の魚類が生息する。植物も1500種類に及んでいる。アフリカゾウやキリン、ライオンなど密猟が後を絶たず、その数が激減しており問題化している。2007年に、密猟の横行、ダム建設計画などの理由から、「危機にさらされている世界遺産リスト」に登録された。
自然遺産（登録基準(x)）　1981年
★【危機遺産】2007年

○ジュジ国立鳥類保護区
（Djoudj National Bird Sanctuary）
ジュジ国立鳥類保護区は、セネガル川河口の三角州からサハラ砂漠の最西端に接する地域に広がり、1977年にラムサール条約にも登録されている湿地。北西部の植物が豊かに茂っている緑地を目指して、ヨーロッパ大陸や東部アフリカから冬季にはオオフラミンゴ、モモイロペリカン、ガン、カモ、サギ、ツル、トキ、ワシ、タカなど300万羽もの渡り鳥が飛来し越冬する。近年、砂漠化、農業排水による水質汚染、水草の大量発生による生態系や自然環境の悪化が深刻化している。2000年には危機遺産に登録されたが、バイオ・コントロールを講じたことにより湿地への侵入植物種の脅威を根絶したとして、2006年危機遺産から解除された。
自然遺産（登録基準(vii)(x)）　1981年

タンザニア連合共和国 （4物件 ○3 ◎1）

◎ンゴロンゴロ保全地域 （Ngorongoro Conservation Area）
ンゴロンゴロ保全地域は、タンザニアの北部、アルーシャ州に広がる。ンゴロンゴロ山の面積264km²の火口原を中心とした南北16km、東西19kmの大草原。外輪山の高さは800m、火口原には、キリン、ライオン、クロサイなど多くの動物や、クレーターの湖や沼には、カバ、水牛、フラミンゴが生息、保全地域の西端のオルドゥヴァイ峡谷では、アウストラロピテクス・ボイセイやホモ・ハビリスなど直立歩行をした人類最古の頭蓋骨

も出土している。ンゴロンゴロ保全地域は、2010年の第34回世界遺産委員会ブラジル会議で、オルドゥヴァイ峡谷の発掘調査によって、360万年前の初期人類の二足歩行の足跡が発見されたラエトリ遺跡の文化遺産としての価値が評価され、複合遺産になった。
複合遺産（登録基準(iv)(vi)(viii)(ix)(x)）
1979年／2010年

○セレンゲティ国立公園 （Serengeti National Park）
セレンゲティ国立公園は、タンザニアの北部、マラ州、アルーシャ州、シミャンガ州にまたがり、キリマンジャロの麓に広がる面積14763km²の大サバンナ地帯。マサイ族の言葉で「広大な平原」の意味の如く、東京都、神奈川県、千葉県、埼玉県の1都3県の広さに匹敵する。ライオン、チーター、ヒョウなどの肉食動物からアフリカゾウ、バッファロー、インパラ、キリン、シマウマ、ガゼル、アンテロープなどの草食動物まで、多くの動物達の群れが絶え間ない生存競争の中で生息している。草原は雨季と乾季が交互に訪れ、動物達は水と餌を求めて移動を繰り返す。セレンゲティ平原を象徴するのが、ヌー（ウシカモシカ）の大群で、300万頭の草食動物の3割を占め、1500kmも離れたケニアのマサイマラまで移動し、その大移動は壮観である。こうした動物達の群れを追って、ライオン、チーター、ヒョウ、ハイエナなどの肉食動物が続く。こうして数千年かけてつくられた生態系のバランスも、19世紀に入植が進むと崩れていき、1921年には保護区に指定された。
自然遺産（登録基準(vii)(x)）　1981年

○セルース動物保護区 （Selous Game Reserve）
セルース動物保護区は、タンザニアの南東部、コースト、モロゴロ、リンディ、ムトワラ、ルヴマの各地方にまたがる登録面積が約4,480,000haのアフリカ最大級の人跡未踏の動物保護区である。セルース動物保護区には、アフリカ・ゾウ、ライオン、アフリカスイギュウ、レイヨウ、サイ、カバ、ワニなどの草食・肉食・水辺の動物が多数生息し、その生物多様性を誇る。セルース動物保護区は、豊富な餌を確保し易い様に、猛禽類のワシやタカも多い、文字通り、野生の王国である。しかしながら、世界遺産登録範囲内で進行中の鉱物採掘査、計画中の石油探査などの活動、潜在的なダム・プロジェクトなどの脅威や危険にさらされている。なかでも、見境のない密猟による象やサイなど野生動物の個体数が激減していることから、2014年の第38回世界遺産委員会ドーハ会議で、「危機にさらされた世界遺産リスト」に登録された。
自然遺産（登録基準(ix)(x)）　1982年
★【危機遺産】2014年

○キリマンジャロ国立公園 （Kilimanjaro National Park）
キリマンジャロ国立公園は、タンザニアの北東部に広がる面積約753km²の国立公園。キリマンジャロは、スワヒリ語で「輝く山」、「白き山」という名の通り、赤道直下の万年雪と氷河を頂く美しいコニーデ型のキリマンジャロ山（5895m）を中心に動植物の分布が変化する。キリマンジャロは、最高峰のキボ峰をはじめシラー峰、

マウェンジ峰の3つの峰が並ぶアフリカ最高峰の山。アフリカゾウ、アフリカスイギュウ、シロサイ、ヒョウ、クロシロコロブス、ブッシュバックヤ、トムソンガゼル、この周辺特有のクリイロタイガーや、珍類ヒゲワシ、ノドグロキバラテリムクドリなどの動物や野鳥が生息。1921年に自然保護区に指定され、1971年に国立公園に昇格した。登山者の捨てるゴミの問題など新たな環境問題が発生している。
自然遺産（登録基準(vii)）　1987年

チャド共和国 (2物件　○1　◎1)

○ウニアンガ湖群 （Lakes of Ounianga）
ウニアンガ湖群は、チャドの北東部、サハラ砂漠中心部のエネディ州の乾燥地帯にある一連の18淡水湖群。総面積は62808haにも及び、色や形など類いない美しい自然景観を作り上げている。18の湖群は、ウニアンガ・ケビル湖群、ウニアンガ・セリル湖群の2つの大きな湖群として構成される。ウニアンガ・ケビル湖群は、面積が358ha、深さが27mある最大の湖であるヨアン湖など4つの湖群からなり、また、そこから40km離れたウニアンガ・セリル湖群は、面積が436ha、深さが10m以下の最大の湖であるテリ湖と砂丘で分離した14の湖群からなる。ウニアンガ湖群の高質な淡水は、水生動物、特に魚の棲家になっており、また、ヨーロッパから飛来する渡り鳥の生息地として、ラムサール条約の登録湿地にも指定されている。
自然遺産（登録基準(vii)）　2012年

○エネディ山地の自然と文化的景観
（Ennedi Massif : Natural and Cultural Landscape）
エネディ山地の自然と文化的景観は、チャドの北東部、東エネディ州と西エネディ州にまたがり、サハラ砂漠にある砂岩の山塊は、時間の経過と共に、風雨による浸食で、峡谷や渓谷が特徴的な高原・台地になり、絶壁、天然橋、尖峰群などからなる壮観な景観を呈している。世界遺産の登録面積は2,441,200ha、バッファー・ゾーンは777,800haである。風雨による浸食を受けた奇岩群が点在し、アルシェイのゲルタをはじめとする渓谷があり、先史時代の岩絵が残っていることでも知られる。エネディ山地の岩絵は、新しい時代のもの、馬の時代、ラクダの時代の壁画が美しく生き生きと表現されており、色素の材料はオークル（黄土）、岩石、卵、乳を使い、それをアカシアの樹液を用いて保護しており、サハラ砂漠の岩絵では最大級の一つである。
複合遺産（登録基準(iii)(vii)(ix)）　2016年

中央アフリカ共和国 (2物件　○2)

○マノヴォ・グンダ・サン・フローリス国立公園
（Manovo-Gounda St Floris National Park）
マノヴォ・グンダ・サン・フローリス国立公園は、中央アフリカの北部にある1933年に設定された総面積17400km²の国立公園。北からアウク川沿いの広大な草原地帯、サバンナ地帯、険しい砂岩のボンゴ山岳地帯からなる為に、アフリカゾウ、アフリカ・スイギュウ、ライオン、チータ、キリン、カバ、クロサイ、カモシカなど

の大型哺乳類が約60種、モモイロペリカン、ワシ、タカ、オオシラサギなどの鳥類が約320種、植物が1200種など豊かな動物相と植物相が見られる。ゾウやスイギュウの密猟があとを絶たず、1997年に「危機にさらされている世界遺産リスト」に登録された。その後も治安の悪化、密猟、密漁、放牧、マノヴォ川沿いでの鉱山開発などの脅威や危険は後を断たない。
自然遺産（登録基準(ix)(x)）　1988年
★【危機遺産】1997年

○サンガ川の三か国流域 （Sangha Trinational）
自然遺産（登録基準(ix)(x)）　2012年
（コンゴ／カメルーン／中央アフリカ）
→カメルーン

ナミビア共和国 (1物件　○1)

○ナミブ砂海 （Namib Sand Sea）
ナミブ砂海は、ナミビアの西部、ハルダプ州とカラス州にまたがる、南大西洋岸の海霧の影響を受けた海岸砂漠で、約8000万年前に生まれた世界で最も古い南アフリカ共和国からアンゴラまで延びるナミブ砂漠の一部である。ナミブとは、現地語で「何もない」を意味し、国名のナミビアの由来になっている。ナミブ砂海の登録面積は、3,077,700ha、バッファー・ゾーンは、899,500ha、ナミブ・ナウクルフト公園内にあり、現地語で「死の沼地」を意味する「デッド・フレイ」は、奇観を呈する。ナミブ砂海は、主に新旧2つの砂丘系列で構成されている。砂丘地帯は、世界遺産の登録範囲の84%、砂利の平原などが8%、海岸の窪地帯と干潟群が4%、岩石丘陵群が3%、砂海の1%の沿岸ラグーン、内部流域の窪地群、一過性の川群、そして、岩石海岸群内の島状丘群からなる。砂海群の顕著な属性は、陸地、大西洋を北上する寒流であるベンゲラ海流が流れる海洋、それに大気．雨と海霧と強風の相互作用から引き出される。自然遺産の登録基準、自然景観、地形・地質、生態系、生物多様性の4つを全て満たす自然遺産の数少ない典型である。
自然遺産（登録基準(vii)(viii)(ix)(x)）　2013年

ニジェール共和国 (2物件　○2)

○アイルとテネレの自然保護区
（Air and Ténéré Natural Reserves）
アイルとテネレの自然保護区は、ニジェールの北部、サハラ砂漠の一部をなす2000m級の山岳地帯を含む荒涼とした北部乾燥地帯。谷間には、極く僅かだが森林もある為、生物は、サル、レイヨウ類などの哺乳類が10種、鳥類が10種程、爬虫類が約20種など多様で1997年にはユネスコ生物圏保護区に指定されている。特に、アダックス、リムガゼル、バーバリシープなどは貴重。武力紛争などにより、1992年に「危機にさらされている世界遺産」に登録されたが、ニジェール政府やユネスコの努力で、次第に回復しつつある。

○ 自然遺産　◎ 複合遺産　★ 危機遺産

自然遺産（登録基準(vii)(ix)(x)）　1991年
★【危機遺産】1992年

○W・アルリ・ペンジャリ国立公園遺産群
（W-Arly-Pendjari Complex）
W・アルリ・ペンジャリ国立公園遺産群は、ニジェールの「W国立公園」、ブルキナファソの「アルリ国立公園」、ベナンの「ペンジャリ国立公園」からなる。ニジェールの「W国立公園」は、ニジェールの西部、サバンナ草原地帯と森林地帯の境界域にあり、ベナン、ブルキナファソとの国境を超えて広がる広大なW国立公園のニジェール側で1996年に世界自然遺産に登録された。この地域を流れる長さ4200kmのニジェール川は、アフリカ最大の川の一つで、この地域でWの形に湾曲して流れていることから「W国立公園」と名付けられた。その流域は、鳥類の重要な生息地域で、また、湿地はラムサール条約＜特に、水鳥の生息地として国際的に重要な湿地に関する条約＞に登録されている。西部アフリカのライオン、チーター、ヒョウ、アンテロープ、ゾウ、ガゼル、バッファロー、ウオーターバック、バオバブなど動植物の宝庫で生態系としても重要な地域。新石器時代から自然と人間が共存、独特の景観と生物の進化過程を表わしている。ニジェールの「W国立公園」は、2017年の第41回世界遺産委員会クラクフ会議で、構成資産にベナンの「ペンジャリ国立公園」、ブルキナファソの「アルリ国立公園」を追加、複数国に登録範囲を拡大し、登録遺産名も「W・アルリ・ペンジャリ国立公園遺産群」に変更した。「アルリ国立公園」は、ブルキナファソの南東部にある国立公園で、ニジェールの「W国立公園」、ベナンの「ペンジャリ国立公園」と隣接する。アルリ川とペンジャリ川が流れ、森林やサバンナが広がり、ゾウ、カバ、ライオン、アフリカスイギュウなどが生息する。最寄りの町はディアパガ、またはパマ。「ペンジャリ国立公園」は、ベナンの北西部にある国立公園で、ブルキナファソの「アルリ国立公園」、ニジェールの「W国立公園」と隣接する。ペンジャリ川が流れ、アフリカゾウ、ライオン、アフリカスイギュウなどが生息する。
自然遺産（登録基準(ix)(x)）　1996年／2017年
ベナン／ブルキナファソ／ニジェール

ブルキナファソ（1物件 ○1）

○W・アルリ・ペンジャリ国立公園遺産群
（W-Arly-Pendjari Complex）
自然遺産（登録基準(ix)(x)）　1996年／2017年
（ベナン／ブルキナファソ／ニジェール）
→ニジェール

ベナン共和国（1物件 ○1）

○W・アルリ・ペンジャリ国立公園遺産群
（W-Arly-Pendjari Complex）
自然遺産（登録基準(ix)(x)）　1996年／2017年
（ベナン／ブルキナファソ／ニジェール）
→ニジェール）

ボツワナ共和国（1物件 ○1）

○オカヴァンゴ・デルタ（Okavango Delta）
オカヴァンゴ・デルタは、ボツワナの北部、カラハリ砂漠の中にある世界最大の内陸デルタで、世界遺産の登録面積は、2,023,590ha、バッファー・ゾーンは、2,286,630haに及び、その自然景観、生態系、生物多様性を誇る。オカヴァンゴ・デルタは、アンゴラ高原を源とするオカヴァンゴ川がカラハリ砂漠の平坦な土地に流れ込んで作られ、広大な湿地帯を形成する。オカヴァンゴ川は、砂漠の砂中に染み込み蒸発して消滅する海にはたどり着かない内陸河川で、雨季の最盛期には南のンガミ湖、サウ湖、マカディカリ塩湖に水が流れ込み、冬の季節には、生物にとって貴重な水場を提供している。乾燥したカラハリ砂漠の中で、オカヴァンゴ・デルタは非常に広大なオアシスとなっており、さまざまな野生生物が生息している。アフリカゾウ、サイ、カバ、ライオンといった大型の動物もこの地区にはまだ多数生き残っている。1996年にはラムサール条約の登録湿地にも指定されている。オカヴァンゴ・デルタは、オカヴァンゴ湿地、オカヴァンゴ大沼沢地とも言う。第38回世界遺産委員会ドーハ会議で、1000件目の世界遺産として、世界遺産リストに登録された。
自然遺産（登録基準(vii)(ix)(x)）　2014年

マダガスカル共和国（2物件 ○2）

○ベマラハ厳正自然保護区のチンギ
（Tsingy de Bemaraha Strict Nature Reserve）
マダガスカルは、鮮新世以降外界から閉ざされて独自の進化を遂げた世界第4位の大きさをもつ世界有数の珍しい生き物の宝庫。チンギは、「シファカ跳び」として滑稽な歩き方をするベロー・シファカ、絶滅危惧種のアイアイ（Aye-aye）、夜行性のネズミ・キツネザルなどのキツネザルの仲間、世界の種の66%を占めるカメレオンなど、今なお記録されていない種の野生生物が生息するマダガスカル中西部の原生林のベマラハ高原の厳正自然保護区にあり、古生代の石灰岩が二酸化炭素を含んだ雨水や地下水によって侵食されて無数の針のように鋭く尖った岩が切り立つ独特の景観を呈するカルスト台地。ビッグ・チンギとスモール・チンギに分けられ、独特の景観を創り出している。チンギは、日本の秋吉台と同じ様な構造で、地下は洞窟になっている。
自然遺産（登録基準(vii)(x)）　1990年

○アツィナナナの雨林群（Rainforests of the Atsinanana）
アツィナナナの雨林群は、マダガスカル島の東部にある自然公園で、南北1200kmの範囲に展開する登録面積479661haの雨林。マダガスカル最大のマソアラ国立公園、新種オオタケキツネザルの保護を目的としたラノマファナ国立公園、南回帰線以南では珍しい多雨林を含むアンドハヘラ国立公園、それに、ザハメナ国立公園、マロジェジイ国立公園などの6つの国立公園が登録された。アツィナナナの雨林群は、進行しつつある重

世界遺産リストに登録されている自然遺産

要な生態学的、生物学的プロセスを示す顕著な見本であると同時に、少なくとも25種のキツネザルなどの絶滅危惧種を含む生物多様性の保全にとって重要な自然生息地であることが評価された。しかしながら、違法な伐採、絶滅危惧種のキツネザルの狩猟の横行などから、2010年に「危機にさらされている世界遺産リスト」に登録された。

自然遺産（登録基準(ix)(x)）　2007年
★【危機遺産】2010年

マラウイ共和国 （1物件　○1）

○マラウイ湖国立公園 （Lake Malawi National Park）

マラウイ湖国立公園は、マラウイ湖の南部に設けられたアフリカ唯一の湖上国立公園で、湖に浮かぶ12の島を含む。マラウイ湖は、緑深い森と岩山に囲まれ、湖面の8割がマラウイ（残りの2割はモザンビーク）に属する。500km以上の長さを誇り、国土の2割を占める面積は、世界第10位（30000km²）、深さは、世界第4位（706m）。湖面の輝きが何度も変わることから、探検家リヴィングストン（1813～1873年）は、「きらめく星の湖」と呼んだ。マラウイ湖には、ワニ、カバをはじめ、稚魚を口中で飼育する食用淡水魚のマラウイ・シクリッド（カワスズメ科）など固有種の魚が数多く生息し、その種類は500～1000種といわれる。数百万年の歴史をもつ古代湖で、進化上の稀少種も多く、自然科学者の興味の的となっている。住民の漁などにも制限されている。マラウイ湖は、かつては、ニアサ湖（現地語で「たくさんの水」の意）と呼ばれていた。

自然遺産（登録基準(vii)(ix)(x)）　1984年

マリ共和国 （1物件　◎1）

◎バンディアガラの絶壁（ドゴン族の集落）
（Cliff of Bandiagara（Land of the Dogons））

バンディアガラの絶壁は、マリの首都バマコの北東180km、サハラ砂漠の南縁のサヘル（岸辺）と呼ばれる乾燥サバンナ地帯にある。バンディアガラの絶壁は、モプティ地方のサンガ地区にそびえるバンディアガラ山地にあり、ニジェール川の大彎曲部に面した、独特の景観を誇る標高差500mの花崗岩の断崖である。この地に1300年頃に住み着いたドゴン族は、この絶壁の上下に、土の要塞ともいえる集落を作って、外敵から身を守った。また、バンディアガラの絶壁の麓には、ソンゴ村の集落がある。トウモロコシ、イネ、タマネギなどの作物を収める赤い粘土で造られた穀物倉を設け、絶壁の中腹には、ドゴン族の壮大な宇宙と「ジャッカル占い」など神話の世界に則った墓や社を造り、先祖の死者の霊を祀る。ドゴン族の神聖なる伝統的儀式では、動物、鳥、オゴン（ドゴン族の最長老）、トーテムなど80種にも及ぶ美しい仮面を用いて、仮面の踊りを繰り広げ、独特のドゴン文化を形成する。60年に1回行われるドゴン族最大の行事である壮大な叙事詩シギの祭り（次回は2027年）は、シリウス星が太陽と共に昇る日に行う。

複合遺産（登録基準(v)(vii)）　1989年

南アフリカ共和国 （5物件　○4　◎1）

○イシマンガリソ湿潤公園
（iSimangaliso Wedland Park）

イシマンガリソ湿潤公園は、南アフリカ東部、クワズール・ナタールのセント・ルシア湖周辺に広がる自然保護区。イシマンガリソとは、「驚異」の意味をもつ現地のズールー語である。河川、海水、風などが造り出した珊瑚礁、チャータース入江など長い砂の海岸、海浜の砂丘、湖沼、葦やパピルスが茂る湿地帯を含む変化に富んだ地形や生物学的にも注目される生態系の連鎖が見られる。地理学的には、220kmも延びる海岸線の美しい景色、雨季と乾季の循環で塩類化する自然現象などを含む。生態系は、ワニやカバの宝庫で、絶滅危惧種を含む多様な生物生息地を包含している。また、イシマンガリソ湿潤公園は、ラムサール条約にも登録されている。2008年、「グレーター・セント・ルシア湿潤公園」から登録名が変更になった。

自然遺産（登録基準(vii)(ix)(x)）　1999年

◎マロティ－ドラケンスバーグ公園
（Maloti-Drakensberg Park）

マロティ・ドラケンスバーグ公園は、レソトの南東部のクァクハスネック県と南アフリカの南東部のクワズール・ナタール州の山岳地帯にある。マロティ・ドラケンスバーグ公園は、3000m級の秀峰、緑に覆われた丘陵、玄武岩や砂岩の断崖、渓谷など変化に富んだ地形と雄大な自然景観を誇る。また、ブラック・ワイルドビースト、多様なレイヨウ種、バブーン（ヒヒ）の動物種、絶滅の危機に瀕している獰猛なヒゲハゲタカなどの野鳥、貴重な植物種が生息しており、ラムサール条約の登録湿地にもなっている。文化面では、ドラケンスバーグの山岳地帯に住んでいた先住民のサン族が4000年以上にもわたって描き続けた岩壁画が、メイン洞窟やバトル洞窟などの洞窟に数多く残っており、当時の彼等の生活や信仰を知る上での重要な手掛かりとなっている。2013年にレソトと南アフリカの2か国にまたがるマロティ・ドラケンスバーグ山脈にあるセサバテーベ国立公園を登録範囲に含め拡大した。セサバテーベ国立公園は、紀元前2000年以降の狩猟採集民族・サン族の少なくとも65の彩色された岩絵遺跡が残されており、文化遺産として価値も評価され複合遺産になり、登録遺産名も、マロティ・ドラケンスバーグ公園に変更された。

複合遺産（登録基準(i)(iii)(vii)(x)）
2000年／2013年　南アフリカ／レソト

○ケープ・フローラル地方の保護地域
（Cape Floral Region Protected Areas）

ケープ・フローラル地方の保護地域は、南アフリカの南西部、ケープ州のケープ半島国立公園、シーダーバーグ原生地域などの保護地域からなり、総面積は1,094,742haにも及ぶ。ケープ・フローラル地方の保護地域は、南アフリカの植物相の20%が見られ、世界で最も植物が豊富な地域にも数えられ、フィンボスと言われる特有のブッシュ植生が発達している。ケープにお

○ 自然遺産　◎ 複合遺産　★ 危機遺産

ける植物の数や多様さ、更に、固有種は世界でも有数で、地球上に18か所ある生物多様性のホットスポットの一つに数えられている。ケープ植物区系とは、植物地理学的に地球をヨーロッパ、オーストラリア、アメリカ合衆国、カリフォルニア、ケープ地域、南西オーストラリアの6つに区切った植物区系の一つで、ケープ地域のみで単独の植物区系と見なされるほど、植生は際立っている。2015年の第39回世界遺産委員会ボン会議で、テーブル・マウンテン国立公園、バフィアーンズクルーフ原生自然環境保全地域などを加えて、8つから13の保護地域へと登録範囲を拡大した。

自然遺産（登録基準(ix)(x)）　2004年／2015年

○**フレデフォート・ドーム**（Vredefort Dome）
フレデフォート・ドームは、ヨハネスブルクの南西約120km、フリー州のウィットウォーターズ盆地の中央部のパリス周辺に広がるドーム構造の世界最大規模の巨大な隕石孔。フレデフォート隕石孔は、直径40～50kmの隆起地形が特徴的であるため、フレデフォート・ドーム、フレデフォート・リングなどと呼ばれている。隕石の衝突の証拠であるシャッターコーン、コーサイト、スティショバイトなどの超高圧鉱物がシュードタキライトの中から発見され、かつ隕石の衝突であることが実証された。放射性年代測定法によると、約20億年前に形成されたと考えられている。フレデフォート・ドームの直径は、100km以上に及び、形成当時には300km近くあったと推測されている。フレデフォート・ドームは、メキシコのチクシュルブ・クレーター、カナダのサドベリー・クレーターと共に、世界三大隕石孔とされている。

自然遺産（登録基準(viii)）　2005年

○**バーバートン・マクホンワ山脈**
（Barberton Makhonjwa Mountains）
バーバートン・マコンジュワ山脈は、南アフリカの北東部、ムブマランガ州の州都カーブバールクラトンの南東部にある。バーバートン緑色岩帯の40%を構成する世界で最古の地質構造の一つである。世界遺産の登録面積は113,137haである。バーバートン・マコンジュワ山脈は、32.5～36億年前にさかのぼる火成岩と堆積岩がよく残されている。最初の大陸群が太古の地球上に形成し始めた時、（38～46億年前）後に隕石によって形成されたのが特色である。

自然遺産（登録基準(viii)）　2018年

レソト王国 （1物件　◎1）

◎**マロティ－ドラケンスバーグ公園**（Maloti-Drakensberg Park）
複合遺産（登録基準(i)(iii)(vii)(x)）　（南アフリカ／レソト）→南アフリカ
2000年／2013年

◎**タッシリ・ナジェール**（Tassili n'Ajjer）
タッシリ・ナジェールは、アルジェリアの南部、リビア、ニジェール、マリとの国境に近いサハラ砂漠の中央部のイリジ県、タマンラセット県にまたがる砂岩の

台地。タッシリ・ナジェールには、20000点近い新石器時代の岩壁画が残っている。タッシリ・ナジェールの岩壁には、ウシ、ウマ、ヒツジ、キリン、ライオン、サイ、ゾウ、ガゼル、ラクダなどの動物、狩猟、戦闘、牧畜、舞踏などの場面が描かれ、タッシリ・ナジェールが「河川の台地」を意味する様に、太古のサハラが緑豊かな草原であったことがわかる。タッシリ・ナジェールの岩壁画は、地勢や描かれている絵の特徴から、リビアの「タドラート・アカクスの岩絵」（世界遺産登録済→P.37参照）と共通のものであろうと推測されている。サハラ原始美術の宝庫であるタッシリ・ナジェールは、岩壁画だけではなく、岩山が複雑に入り組んだ地形・地質のみならず、自然景観やイエリル峡谷の美しさも見逃せない。また、イエリル峡谷とゲルタテ・アフィラは、ラムサール条約の登録湿地になっている。
複合遺産（登録基準(i)(iii)(vii)(viii)）　1982年

〈アラブ地域〉

6か国（8物件　○5　◎3）

アルジェリア民主人民共和国 （1物件　○1）

◎**タッシリ・ナジェール**（Tassili n'Ajjer）
タッシリ・ナジェールは、アルジェリアの南部、リビア、ニジェール、マリとの国境に近いサハラ砂漠の中央部のイリジ県、タマンラセット県にまたがる砂岩の台地。タッシリ・ナジェールには、20000点近い新石器時代の岩壁画が残っている。タッシリ・ナジェールの岩壁には、ウシ、ウマ、ヒツジ、キリン、ライオン、サイ、ゾウ、ガゼル、ラクダなどの動物、狩猟、戦闘、牧畜、舞踏などの場面が描かれ、タッシリ・ナジェールが「河川の台地」を意味する様に、太古のサハラが緑豊かな草原であったことがわかる。タッシリ・ナジェールの岩壁画は、地勢や描かれている絵の特徴から、リビアの「タドラート・アカクスの岩絵」（世界遺産登録済→P.37参照）と共通のものであろうと推測されている。サハラ原始美術の宝庫であるタッシリ・ナジェールは、岩壁画だけではなく、岩山が複雑に入り組んだ地形・地質のみならず、自然景観やイエリル峡谷の美しさも見逃せない。また、イエリル峡谷とゲルタテ・アフィラは、ラムサール条約の登録湿地になっている。
複合遺産（登録基準(i)(iii)(vii)(viii)）1982年

イエメン共和国 （1物件　○1）

○**ソコトラ諸島**（Socotra Archipelago）
ソコトラ諸島は、アラビア半島の南部、アデン湾の近くのインド洋上に浮かぶ主島のソコトラ島と小さな島々からなり、狭い海岸平野、洞窟がある石灰岩の台地、海抜1525mのハギール山脈が特徴である。ソコトラ諸島には、古くからインド洋航路の寄港地として港町が築かれ、住民は主にアラブ系で、人口は約4万4千人、1990年のイエメン統一までは南イエメンの領土であった。ソコトラ諸島は、「インド洋のガラパゴス諸島」と喩えられる様に、その生物多様性の顕著な普遍的価値が評価されて世界遺産になった。ソコトラ諸島は、竜血樹など825種の植物の37%、その爬虫類の種の

90%、カタツムリの種の95%は、ここにしか生息していない固有種である。ソコトラ諸島は、また、鳥類の楽園で、192種の鳥類の多くは絶滅危惧種で、その内44種は、ソコトラ諸島で繁殖し、85種は渡り鳥である。ソコトラ諸島の海域の海洋生物も多様で、珊瑚類が253種、魚類が730種、蟹やエビなどの甲殻類が300種である。

自然遺産（登録基準(x)）　2008年

イラク共和国 （1物件 ◎ 1）

◎ イラク南部の湿原：生物多様性の安全地帯と
メソポタミア都市群の残存景観
（The Ahwar of Southern Iraq: Refuge of Biodiversity and the Relict Landscape of the Mesopotamian Cities）
イラク南部の湿原：生物多様性の安全地帯とメソポタミア都市群の残存景観は、イラクの南部、ムサンナー県、ディヤーラー県、マイサーン県、バスラ県にある。イラク南部の湿原は、他に類を見ない歴史的、文化的、環境的、水文学的、社会経済的な特徴があり、世界中でもっとも重要な湿地生態系のひとつと考えられている。世界遺産の登録面積は211,544ha、バッファー・ゾーンは209,321haであり、フワイザ湿原、中央湿原、東ハンマール湿原、西ハンマール湿原の4つの湿原地域、それに、紀元前4000年〜3000年に、チグリス川とユーフラテス川との間の三角州に発達したシュメール人の都市や集落であったウルク考古都市、ウル考古都市、テル・エリドゥ考古学遺跡の3つの遺跡群が構成資産である。旧イラク政権下において、この湿原地域の生態系が広範囲にわたって破壊された。イラク南部の湿原地域では、油田も開発されており、世界遺産を取巻く脅威や危険になっている。

複合遺産（登録基準(iii)(v)(ix)(x)）　2016年

エジプト・アラブ共和国 （1物件 ○ 1）

○ ワディ・アル・ヒタン （ホウェール渓谷）
（Wadi Al-Hitan（Whale Valley））
ワディ・アル・ヒタンは、エジプト北部、カイロの南西150km、ファイユーム県のワディ・エル・ラヤン保護区の西北にある4000年前の鯨の化石地域で、通称、ホウェール渓谷と呼ばれている。ワディ・アル・ヒタンは、広大な砂漠に約150kmにわたって展開する。1902〜1903年に、地質学者のベッドネルが最初に鯨の化石を発見した。鯨の骨格が30体以上あるほか、鮫の歯、貝や他の海棲動物の化石などが至るところで見られる野外の地質博物館である。この一帯は、旧石器時代までは海面下であったが、次第に、淡水湖のカルン湖などへと変わっていった。ワディ・アル・ヒタンは、鯨のほかマングローブなどの植物やカタツムリや爬虫類の化石がきわめて豊富に残る地質遺産である。エジプト人によって崇拝されたワニの化石も、ここで、発掘されているほか、後期旧石器時代から後期ローマ時代の考古学遺跡も発見されている。近年、化石の盗難や石油開発などが問題になっている。将来的に、登録範囲を拡大し、現在、暫定リストに記載されている「ゲベル・カトラニ地域」を含めることの検討も必要である。

自然遺産（登録基準(viii)）　2005年

オマーン国 （※抹消　1物件 ○ 1）

○ アラビアン・オリックス保護区 （Arabian Oryx Sanctuary）
アラビアン・オリックス保護区は、オマーン中央部のジダッド・アル・ハラシス平原の27500km²に設けられた保護区。アラビアン・オリックスは、IUCN（国際自然保護連合）のレッドデータブックで、絶滅危惧（Threatened）の絶滅危惧ⅠB類（EN=Endangered）にあげられているウシ科のアンテロープの一種（Oryx leucoryx）で、以前は、サウジ・アラビアやイエメンなどアラビア半島の全域に生息していたが、野生種は1972年に絶滅。カブース国王の命により、アメリカから十数頭のアラビアン・オリックスを譲り受け、繁殖対策を講じた。オマーン初の自然保護区として、マスカットの南西約800kmのアル・ウスタ地方に特別保護区を設け、野生に戻すことによって繁殖に成功した。また、1998年には、エコ・ツーリズムの実験的なプロジェクトが開始された。2007年の第31回世界遺産委員会クライストチャーチ会議で、オマーン政府が油田開発の為、オペレーショナル・ガイドラインズに違反し世界遺産の登録範囲を勝手に変更し世界遺産登録時の完全性が喪失、世界遺産としての「顕著な普遍的価値」が失われ、前代未聞となる世界遺産リストから抹消される事態となった。

自然遺産（登録基準(x)）　1994年
【世界遺産リストからの抹消　2007年】

スーダン共和国 （1物件 ○ 1）

○ サンガネブ海洋国立公園とドゥンゴナブ湾・
ムッカワル島海洋国立公園
（Sanganeb Marine National Park and Dungonab Bay–Mukkawar Island Marine National Park）
サンガネブ海洋国立公園とドゥンゴナブ湾・ムッカワル島海洋国立公園は、スーダンの北東部にある海洋国立公園で、生態学的に重要な海洋地域である。サンガネブ海洋国立公園は、紅海の西岸にあるポートスーダンの北東30km、ドゥンゴナブ湾は、ポートスーダンの北約125km、ムッカワル島は、ドゥンゴナブ半島の沖合い25kmにある。世界遺産の登録面積は199,523.908ha、バッファー・ゾーンは、401,135.66haである。サンガネブ海洋国立公園は1990年に、ドゥンゴナブ湾・ムッカワル島海洋国立公園は、2004年に海domain保護区に指定されている。サンガネブ海洋国立公園のサンガネブ環礁は、紅海のほぼ中央にあり、保存状態も良好である。ここではあらゆるタイプの珊瑚が見られ、ジュゴン、亀、チョウチョウウオ、カマス、オニイトマキエイ、シュモクザメ、イタチザメなど多様な生物が生息している。

自然遺産（登録基準(vii)(ix)(x)）　2016年

チュニジア共和国 （1物件 ○ 1）

○ イシュケウル国立公園 （Ichkeul National Park）
イシュケウル国立公園は、チュニジアの首都チュニスの北西約70km、北部アフリカの最北端にある総面積12600haの自然公園。標高511mのイシュケウル山、その山麓のイシュケウル湖とその周辺に広がる1980年にラ

ムサール条約にも登録されている広大な湿地帯からなる。欧州大陸と北部アフリカを往復するハイイロガン、ヒドリガモ、メジロガモなど180種の渡り鳥の越冬地として非常に重要な地域で、かつて王家の私有地だったこともあり、手つかずの湿原植物などの自然と生態系が残されており、1977年にユネスコMAB生物圏保護区に指定されている。ダム建設の影響で、1996年に危機遺産に登録されたが、農業用の湖水使用の中止が塩分の減少と多くの鳥類の回帰をもたらしたことにより、2006年危機遺産から解除された。

自然遺産（登録基準(x)）　1980年

モーリタニア・イスラム共和国
（1物件　○1）

○**アルガン岩礁国立公園**（Banc d'Arguin National Park）
アルガン岩礁国立公園は、モーリタニアの首都ヌアクショットの北150km、モーリタニア北西部沿岸にあるティミリス岬の北方200kmにもわたる岩礁地帯。沿岸域は、暖流と寒流が交差する為、魚類が豊富で、また、沖合25km近くまでも浅瀬が広がっている為、チチュウカイモンクアザラシ、クロアジサシ、ウスイロイルカ、シワハイルカなどの海洋動物、それに、フラミンゴ、クサシギ、シロペリカンなど多くの鳥の絶好の餌場であり、ヨーロッパやシベリアからの200万羽の渡り鳥の楽園であり越冬地になっている。1982年に、アルガン岩礁の120万haがラムサール条約の登録湿地に登録された。一方、地球環境問題にもなっているが、風による砂の移動が活発になって海岸線のすぐそばまで砂漠化が迫る砂漠化が深刻化している。

自然遺産（登録基準(ix)(x)）　1989年

ヨルダン・ハシミテ王国　（1物件　◎1）

◎**ワディ・ラム保護区**（Wadi Rum Protected Area）
ワディ・ラム保護区は、ヨルダンの南部、サウジアラビアとの国境地域のアカバ特別経済地域にある。ワディ・ラム保護区は、狭い峡谷、自然のアーチ、赤砂岩の塔状の断崖、斜面、崩れた土砂、洞窟群からなる変化に富んだ「月の谷」の異名をもつ荘厳な砂漠景観が特徴である。ワディ・ラム保護区の岩石彫刻、碑文群、それに考古学遺跡群は、人間が住み始めてから12,000年の歴史と自然環境との交流を物語っている。20,000の碑文群がある25,000の岩石彫刻群の結び付きは、人間の思考の進化やアルファベットの発達の過程を辿ることが出来る。ワディ・ラム保護区は、アラビア半島における遊牧、農業、都市活動の進化の様子を表している。「ワディ・ラムのベドウィン族の文化的空間」は、2008年に世界無形文化遺産の代表リストに登録されている。

複合遺産（登録基準(iii)(v)(vii)）　2011年

〈アジア地域〉
15か国（79物件　○67　◎12）

イラン・イスラム共和国
（2物件　○2）

○**ルート砂漠**（Lut Desert）
ルート砂漠は、イラン南東部、ケルマーン州、ホラーサーン州、シースターン・バ・バルチスターン州にまたがる大砂漠で、壮大な自然景観と進行中の地質学的過程が評価された。北西から南東にかけて約320km、幅は約160kmに及ぶ。東部は砂丘と岩石からなる巨大な地塊、西部は風食作用によって砂地などの表面にできる不規則な畝状の窪みであるヤルダン地形を形成している。世界遺産の登録面積は2,278,012ha、バッファー・ゾーンは1,794,137haで、イラン初の世界自然遺産である。広大な礫砂漠や砂丘平原が広がり、灼熱の太陽が照らす地球上で有数の暑い場所であることでも有名で、2005年には70.7度を記録している。ガンドゥム・ベリヤン地域には黒色の玄武岩溶岩が広がり、太陽熱を吸収しやすく高温のため動植物が見られない。東部は塩原で、南東部には高さが500mにも達する砂丘が広がる。

自然遺産（登録基準(vii)(viii)）　2016年

○**ヒルカニア森林群**（Hyrcanian Forests）
ヒルカニア森林群は、イランの北東部、ギーラーン州、マーザンダラーン州、ゴレスターン州にまたがるカスピ海・ヒルカニア混合林エコリージョン内にある。登録面積が129484.74ha、バッファーゾーンが177128.79ha、構成資産は、ギーラーン州、マーザンタラーン州、ゴレスターン州の3つの州にまたがるゴレスターン森林、ジャハーン-ナマ森林、アリメスタン森林、ヴァズ森林など15件からなる。ヒルカニア森林群は、コーカサス山脈から西の地域と半砂漠地域から東の地域に分離する緑の弧状の森林を形成している。ヒルカニア森林群は、カスピ海の南岸沿いの850kmに広がる広葉樹の森林群で、その森林生態系とペルシャヒョウをはじめとした58種類の哺乳類と180種類にも及ぶ鳥類が生息する生物多様性が評価された。IUCNの勧告では、将来的には、アゼルバイジャンへの登録範囲の拡大も選択肢に挙げている。

自然遺産（登録基準（ix)(x)）　2019年

インド（8物件　○7　◎1）

○**カジランガ国立公園**（Kaziranga National Park）
カジランガ国立公園は、インドの東部、アッサム州を流れるブラマプートラ川の左岸に広がる堆積地の国立公園。公園面積の66%は草原、28%は森、残りは河川や湖で構成されている。草原は、雨期になるとブラマプートラ川が氾濫し、沼や池ができる。この地形がインドサイの生育に適しており、今では少なくなった一角のインドサイ約1000頭が生息している。このほかトラ、ヒョウ、スイギュウ、鹿、象などの貴重な哺乳類やベンガルノガン、カモ、ワシなどの鳥類が生息している。カジランガ国立公園は、ブラマプートラ川と国道からも近く、インドサイの密猟者が多く、監視体制た

を強化し、保護に努めている。
自然遺産（登録基準(ix)(x)）　1985年

○マナス野生動物保護区
(Manas Wildlife Sanctuary)

マナス野生動物保護区は、インドの北東部、アッサム州を流れるマナス川流域に沿い、ブータンとの国境を接するヒマラヤ山脈の麓に広がる1928年に指定された野生動物保護区で、1973年にはトラを重点的に保護するタイガー・リザーブ、1987年には国立公園に指定されている。数年前に発見された毛が美しい猿ゴールデンラングールで有名。インドオオノガン、ペリカン、鷲などの鳥類、ベンガルトラをはじめゴールデンキャット、コビトイノシシ、ボウシラングール、アラゲウサギ、アジアゾウ、インドサイ、ガウル、ヌマジカなど貴重な野生動物も生息している。地域紛争、密猟などの理由から1992年に「危機にさらされている世界遺産リスト」に登録されたが、その後、インド政府によって、総合的な監視システムの導入などの改善措置が講じられ、保全状況が好転する改善、2011年の第35回世界遺産委員会パリ会議で、危機遺産リストから解除された。
自然遺産（登録基準(vii)(ix)(x)）　1985年

○ケオラデオ国立公園（Keoladeo National Park）

ケオラデオ国立公園は、インド北部ラジャスタン州の炎水湿地帯を中心とした29km²に広がる水鳥の楽園で、かつては、バラトプル鳥類保護区として知られていた。ケオラデオ国立公園で観察される鳥類は約350種で、中央アジアやシベリアなどからの渡り鳥も飛来するケオラデオ国立公園には、絶滅危惧種のソデグロヅル、アカツクシガモ、カモメ、ハシビロガモ、オナガガモ、オオバン、シマアジ、キンクロハジロ、ホシハジロ、また、ジャッカル、ハイエナ、マングースなども生息している。ケオラデオは、1971年に保護区となり、1981年、ラムサール条約登録湿地、1982年、国立公園となった。
自然遺産（登録基準(x)）　1985年

○スンダルバンス国立公園（Sundarbans National Park）

スンダルバンス国立公園は、インドの東部の西ベンガル州、コルカタの南約120km、バングラデシュにまたがる世界最大のガンジス・デルタ地帯にある。ガンジス川、ブラマプトラ川、メガーナ川など水量の多い川が世界最大級のマングローブの森を形成する大湿地帯である。スンダルバンス国立公園の世界遺産の登録面積は、133,010haに及ぶ。スンダルバンス国立公園は、インド・アジア大陸最大のベンガル・トラ（ベンガル・タイガー）の生息地としても知られ、1973年に、スンダルバンス・タイガー保護区が設けられ、1978年に、森林保護区が構成され、1984年に国立公園が設立された。また、ヒョウ、イリエワニ、ニシキヘビ、シカ、サル、スナドリネコ、ケンプヒメウミガメ、野鳥など、その生物多様性を誇る。スンダルバンス国立公園に隣接するバングラデシュ側のサンダーバンズも1997年に世界遺産に登録されている。
自然遺産（登録基準(ix)(x)）　1987年

○ナンダ・デヴィ国立公園とフラワーズ渓谷国立公園
(Nanda Devi and Valley of Flowers National Parks)

ナンダ・デヴィ国立公園とフラワーズ渓谷国立公園は、ウッタラーカンド州の西ヒマラヤに高く聳えている。フラワーズ渓谷国立公園は、ブルー・ポピーなど希少種の高山植物が草原に咲き自然美を誇る標高3500m級の通称「花の谷」で、1931年に発見された。この豊かな多様性に富んだ地域は、ヒマラヤグマ、ユキヒョウ、ブラウン・ベア、それにブルーシープなどの希少種や絶滅危惧種が生息している。フラワーズ渓谷国立公園の優美な景観は、1988年に世界遺産リストに登録されているヒマラヤ山脈にある「女神の山」として古来崇められてきた7800m級の聖地ナンダ・デヴィ国立公園の険しく荒涼とした山岳を補完している為、2005年の第29回世界遺産委員会ダーバン会議で、登録範囲が拡大し、登録遺産名も変更になった。ナンダ・デヴィ国立公園とフラワーズ渓谷国立公園は、ザンスカール山脈やヒマラヤ山脈に取り囲まれ、登山家や植物学者によって賞賛されている。
自然遺産（登録基準(vii)(x)）　1988年／2005年

○西ガーツ山脈（Western Ghats）

西ガーツ山脈は、インドの南西部、クジャラート州、マハーラーシュトラ州、ゴア州、ケーララ州、タミル・ナードゥ州にまたがるインド半島西岸の海岸線に並行に走る全長約1600km、平均高度900～1500mの山脈で、西側は、階段状の急斜面、東側は、緩やかな斜面となっている。また、西ガーツ山脈の高地における森林が熱帯性気候を和らげ、インドのモンスーン気候に影響を与えている。地球上で最も顕著なモンスーン気候を形成する事例といえる。西ガーツ山脈が誕生したのは、ヒマラヤ山脈よりも古く、ユニークな生物物理学上、生態学上の進化の様子がわかる地形が特色である。生物多様性が豊かであるにもかかわらず、植物、動物、鳥類、両生類、爬虫類、魚類の325種以上の絶滅危惧種が数多く生息していることから、最も重要な生物多様性ホット・スポットの一つになっている。また、北部はデカン高原の溶岩から構成され、ゾウ、トラの生息地で、チーク、黒檀などの木材を産する。
自然遺産（登録基準(ix)(x)）　2012年

○グレート・ヒマラヤ国立公園保護地域
(Great Himalayan National Park Consevation Area)

グレート・ヒマラヤ国立公園保護地域は、インドの北部、ヒマーチャル・プラデーシュ州のクッルー県にあり、1984年に国立公園に指定された。世界遺産の登録面積は、90,540ha、バッファー・ゾーンは、26,560haで、その生物多様性を誇る。ヒマラヤ山脈は、北側から南側に、およそ三つの平行する山脈が走っており、最も北側の山脈がグレート・ヒマラヤと呼ばれる。7000～8000m級の高峰が連なり、氷河が発達し、寒冷な気候のもとに険しい山容や、氷河による渓谷、それに、雪解け水を源流に、西方へは、ジワ・ナラ川、サインジ川、ティルタン川、北西へは、パルヴァティ川が流れ、インダス川の支流のベアスリ川となる。これらの川は、下流の何百万人もの人が生きていく為の水源になっている。グレート・ヒマラヤ国立公園は、ヒマラヤ・ジャコウジカ、ユキヒョウ、タールなど固有種や希少種など多様な動植物が生息する自然の宝庫である。
自然遺産（登録基準(x)）　2014年

○ 自然遺産　◎ 複合遺産　★ 危機遺産

◎カンチェンジュンガ国立公園
（Khangchendzonga National Park）
カンチェンジュンガ国立公園は、インドの北東部、ネパール東部のプレジュン郡とインドのシッキム州との国境にあるシッキム・ヒマラヤの中心をなす山群の主峰で、1977年8月に国立公園に指定された。世界遺産の登録面積は178,400ha、バッファー・ゾーンは114,712haである。標高8,586㎡はエベレスト、K2に次いで世界第3位。カンチェンジュンガとは、チベット語で「偉大な雪の5つの宝庫」の意味で、主峰の他に、西峰のヤルン・カン、中央峰、南峰のカンチェンジュンガⅡ、カンバチェンが並ぶ。衛星峰に囲まれていて、最高点を中心に半径20kmの円を描くと、その中に7000m以上の高峰10座、8000m級のカンチェンジュンガ主峰と第Ⅱ峰の2座が入り、壮大さは比類がない。さらにこの山がダージリンの丘陵上から手に取るような近さで眺められる自然景観、それに、生物多様性も誇る。また、カンチェンジュンガ山は、神々の座としての、先住民族のシッキム・レプチャ族の信仰の対象であると共に神話が数々残されている。
複合遺産（登録基準(ⅲ)(ⅶ)(ⅹ)）　2016年

インドネシア共和国 （4物件　○4）

○コモド国立公園（Komodo National Park）
コモド国立公園は、インドネシアの東部、東ヌサテンガラ州のフローレス島西部、コモド島、パダル島、リンカ島、ギリモトン島、それに、サンゴ礁が広がるサペ海峡の周辺海域を含む総面積約2,200㎢の国立公園。オーストラリア大陸から吹く熱い乾いた風と付近を流れる潮流の影響で、熱帯雨林でありながら緑が少なく、わずかなヤシと潅木が見られる程度の環境である。コモド島には、土地の人が「オラ」と呼ぶ白亜紀に誕生した世界最大のコモドオオトカゲ（体長1.5～3m、体重100kgコモドドラゴンとも呼ばれる）が生息しており、イノシシ、サル、シカなどを餌に丘陵地帯の熱帯降雨林に生息するが、絶滅の危機にある。IUCNのレッドリストのVU（絶滅危急種）、ワシントン条約の「国際希少野生動物種」にも指定され、厳重に保護されている。
自然遺産（登録基準(ⅶ)(ⅹ)）　1991年

○ウジュン・クロン国立公園
（Ujung Kulon National Park）
ウジュン・クロン国立公園は、ジャワ島の南西端のウジュン・クロン半島、1883年に大噴火したクラカタウ火山（標高 813m）、周辺のパナイタン島、プチャン島、ハンドゥルム諸島、クラカタウ諸島などの島々と周辺海域からなる面積123,051ha（陸域 76214ha、海域44337ha）の国立公園。ウジュン・クロン国立公園は、低地熱帯雨林地帯に属し、熱帯性植物が茂り、野生生物が生息する変化に富んだ環境にあり、インドネシアで最初の国立公園である。かつては、一帯に広く分布していた一角のジャワ・サイは、乱獲が原因で絶滅の危機にさらされ、IUCNのレッドリストの危機的絶滅危惧種（CR）に指定されている。そのほかにも、野生牛のバンテン、イリエワニ、インドクジャク、カニクイザル

などの貴重な動物や植物が生息している。
自然遺産（登録基準(ⅶ)(ⅹ)）　1991年

○ローレンツ国立公園（Lorentz National Park）
ローレンツ国立公園は、日本の真南約5500kmにある世界で2番目に大きい島であるニューギニア島の西半分にあたるパプア州（旧イリアンジャヤ州）にある。公園は低地湿地帯と高山地帯の2つに区分できる。高山地帯は、インドネシア最高峰のジャヤ峰（5030m）はじめ、赤道近くにありながら氷河を頂く5000m級の山々が連なる。低地は、21世紀を迎えた今なお人を寄せつけない太古の世界が広がっており、海岸に広るマングローブをはじめ、内陸に入るにつれて非常に複雑な植物相が見られる。貴重な動物も多く、キノボリカンガルー、ハリモグラなど100種類以上の哺乳類や、400種以上の鳥類などが確認されている。日本列島とほぼ同じ広さのジャングル地帯は、「緑の魔境」と形容され、石器時代さながらのダニ族やアスマット族など大きく分けて9つの部族が260以上もの異なる言語をもって住んでいる。
自然遺産（登録基準(ⅷ)(ⅸ)(ⅹ)）　1999年

○スマトラの熱帯雨林遺産
（Tropical Rainforest Heritage of Sumatra）
スマトラの熱帯雨林遺産は、面積が世界第6位の島、スマトラ島の北西部のアチェから南東のバンダールランプンまでのブキット・バリサン山脈に広がる。スマトラの熱帯雨林遺産は、登録範囲の核心地域の面積は2595125haで、ルセル山国立公園、ケリンシ・セブラト国立公園、バリサン・セラタンの丘国立公園の3つの国立公園からなる。なかでも、スマトラ島の最高峰で、活火山のケリンシ山（3800m）が象徴的である。スマトラの熱帯雨林遺産は、多くの絶滅危惧種を含み、多様な生物相を長期に保存すると上で最大の可能性をもっている。スマトラの熱帯雨林には、1万種ともいわれる植物が生育し、スマトラ・オランウータンなど200種以上の哺乳類、580種の鳥類も生息している。それは、スマトラ島が進化していることの生物地理学上の証しでもある。しかし、スマトラの熱帯雨林遺産を取り巻く保全環境は、密猟、違法伐採、不法侵入による農地開拓、熱帯林を横断する道路建設計画などによって悪化。2011年の第35回世界遺産委員会パリ会議で、「危機にさらされている世界遺産リスト」に登録された。
自然遺産（登録基準(ⅶ)(ⅸ)(ⅹ)）　2004年
★【危機遺産】　2011年

ヴェトナム社会主義共和国
（3物件　○2　◎1）

○ハー・ロン湾（Ha Long Bay）
ハー・ロン湾は、ヴェトナムの北東部、中国との国境近くのトンキン湾にあり、その絶景は「海の桂林」（中国を代表する名峰奇峰の景勝地）と称される。面積1500km²の地域に、透明なエメラルド・グリーンの海、突き出た大小約1600の海食洞を持つ小島、断崖の小島などの奇岩が静かな波間に浮かぶヴェトナム随一の風光明媚な景勝地である。ヴェトナム語で、ハーは「降」、ロンは「竜」、ハー・ロンは「降り立つ竜」という

味で、かつて天から降り立った竜が外敵を撃退した
寺に、石灰岩の丘陵台地が砕かれ、無数の島が海に浮
かんだという「降竜伝説」に相応しい幻想的な海であ
る。数十万年もの間、波に洗われて形成された石灰岩
がこの地域の景観を特徴づけている。また、湾に点在
する島々には、猿や熱帯鳥類など、数多くの動物や豊
な海洋生物が生息している。帆遊びはモーターボ
ートに乗って、潮の流れと打ち寄せる波が創り出した
ダウゴォ洞窟(木柱の岩屋)、ボォナウ洞窟(ペリカン洞
窟)、ハンハン洞窟、チンヌゥ洞窟(処女洞窟)などの洞
窟巡りバイチャイ・ビーチ、イエントゥ山、猿島など湾
のパノラマを楽しむことができる。2000年に登録基準
(i)(現基準(viii))が追加された。

自然遺産(登録基準(vii)(viii))　　1994年/2000年

○フォン・ニャ・ケ・バン国立公園
(Phong Nha - Ke Bang National Park)
フォン・ニャ・ケ・バン国立公園は、ヴェトナムの中
部、ドン・フォイの北東55kmにあるクアンビン省のソ
ン・トラック村を中心にラオスとの国境へと展開する。
この地域は、4億年以上前に出来たとされるアジア最
、世界最大の岩山が集まる地域である。フォン・ニ
ャ・ケ・バン国立公園には、ヴェトナムで最も大きく美
しいと言われるフォン・ニャ洞窟があり、その総延長は
8kmにも及ぶ。フォン・ニャ洞窟内には、数多くの鍾
石や石筍があり、その起源は、2億5000万年前にまで
かのぼる。また、この近くには他にもヴォム洞窟、
ンケリ洞窟、ティエンソン洞窟、ティエンズゥン洞
、ソンドン洞窟などの洞窟群があり、これまでに総
長65kmにも及ぶ地下河川が流れ、鍾乳洞、地底湖の
る空間が発見されており、地質学的、地形学的にも
味が尽きない。フォン・ニャ・ケ・バン国立公園は、
大な熱帯林で覆われ、65種の固有種を含む461種の脊
動物が生息している。2015年の第39回世界遺産委
会ボン会議で登録範囲を拡大すると共に、新たに登
基準(ix)並びに(x)の価値も認められた。

自然遺産(登録基準(viii)(ix)(x))　　2003年/2015年

○チャンアン景観遺産群
(Trang An Landscape Complex)
チャンアン景観遺産群は、ヴェトナムの北部、ニンビ
省の内陸部の紅河(ホン河)デルタの南岸にある。チ
ンアンとは、長く安全の地という意味である。チャン
アンは、石灰岩カルストの峰々が渓谷と共に広がる
観な景観で、険しい垂直の崖に囲まれ、その裾野に
川が流れる名勝地域で、その奇岩景勝がハロン湾を
彷彿させる為、「陸のハロン湾」とも言われている。世
遺産登録面積は6,172ha、バッファー・ゾーンは
080haである。タムコック洞窟やビックドン洞窟など
洞窟群などから約30000年前の人間の活動がわかる考
学的遺跡も発掘されており、当時の狩猟採集民族が
候や環境の変化にいかに適応して生活していたかが
かる。チャンアン景観遺産群の登録範囲には、10〜
1世紀にヴェトナム最初の独立王朝ティン王朝の古都
アルのバンディン寺などの寺院群、仏塔群、水田な
の景観が展開する村々や聖地を含む。

合遺産(登録基準(v)(vii)(viii))　　2014年

ウズベキスタン共和国(1物件　○1)

○西天山(Western Tien-Shan)
自然遺産(登録基準(x))　　2016年
(カザフスタン/キルギス/ウズベキスタン)
→カザフスタン

カザフスタン共和国(2物件　○2)

○サリ・アルカーカザフスタン北部の草原と湖沼群
(Saryarka - Steppe and Lakes of Northern Kazakhstan)
サリ・アルカーカザフスタン北部の草原と湖沼群は、ナ
ウルズム国立自然保護区とコルガルジン国立自然保護
区の2つの保護地域からなり、合計面積は、450344 ha
に及ぶ。サリ・アルカーカザフスタン北部の草原と湖沼
群は、ソデグロヅル、ハイイロペリカン、キガシラウミ
ワシなどの絶滅危惧種を含む渡り鳥にとって重要な湿
地であるのが特徴である。中央アジアのサリ・アルカー
カザフスタン北部の草原と湖沼群は、アフリカ、ヨーロ
ッパ、南アジアから西・中央シベリアの繁殖地域への、渡り
鳥の飛路において、主要な中継点と交差点である。サ
リ・アルカーカザフスタン北部の草原と湖沼群は、世界
遺産の登録面積は、核心地域が450344 ha、緩衝地域が
211,148haであり、草原の植生、鳥類の絶滅危惧種の半
分以上が生息する鳥類にとっても貴重な避難場所にな
っている。サリ・アルカーカザフスタン北部の草原と湖沼
群は、北は北極へ、南はアラル・イルティシュ川流域の
間に位置する淡水湖と塩湖を含む。

自然遺産(登録基準(ix)(x))　　2008年

○西天山(Western Tien-Shan)
西天山は、カザフスタン、キルギス、ウズベキスタン
の3か国にまたがる西天山山脈に点在する7か所の国立
自然保護区や国立公園で構成されている。西天山は、
キルギスのビシュケクから見えるキルギス・アラトー山
脈を越えた先のタラス・アラトー山脈から始まり、カザ
フスタン南部とウズベキスタンの首都タシケントより
東側までのびるカラタウ山脈、プスケム山脈、ウガム
山脈、チャトカル山脈の山々を指す。西天山の標高は
700〜4503mで、世界遺産の登録面積は528,177.6ha、
バッファー・ゾーンは102,915.8haである。西天山の構成
資産は、カザフスタンのカラタウ国立自然保護区(南カ
ザフスタン州)、アクスー・ジャバグリ国立自然保護区
(南カザフスタン州)、サイラム・ウガム国立公園(南カ
ザフスタン州)、キルギスのサリ・チェレク国立生物圏
保護区(ジャララバード州)、ベシュ・アラル国家自然保
護区(ジャララバード州)、パディシャ・アタ国立自然保
護区(ジャララバード州)、ウズベキスタンのチャトカ
ル国立生物圏保護区(タシケント州)など13の構成資産
からなり、その生物多様性が認められた。

自然遺産(登録基準(x))　　2016年
カザフスタン/キルギス/ウズベキスタン

キルギス共和国(1物件　○1)

○西天山(Western Tien-Shan)

○ 自然遺産　◎ 複合遺産　★ 危機遺産

65

自然遺産（登録基準(x)）　　2016年
（カザフスタン／キルギス／ウズベキスタン）
→カザフスタン

世界遺産リストに登録されている自然遺産

スリランカ民主社会主義共和国
（2物件　○2）

○シンハラジャ森林保護区（Sinharaja Forest Reserve）
シンハラジャ森林保護区は、スリランカの南西部、サバラガムワ州と南部州に展開する面積約88km²におよぶ森林保護区。シンハラジャ森林保護区は、年間降雨量3000〜5100mmに達する熱帯低地雨林特有の蔓性樹木、平均樹高が35〜40mの幹が真っ直ぐな優勢木、ランなどセイロン島の固有植物の約6割、セイロン・ムクドリ、オオリス、ホエジカ、ネズミジカなどの動物、セイロンガビチョウなどの鳥類が分布する。シンハラジャ森林保護区は、鳥類の固有種が多いのが特徴である。1970年代末に国際的保護区に指定された。シンハラジャ森林保護区に入る際には、許可証と入場料が必要で、専属ガイドがつく。シンハラジャには22の村があり、人口は5000人程度である。このうち保護区の中にある村は2つ、長年、人が住んでいることから、森林保全にも様々な課題がある。
自然遺産（登録基準(ix)(x)）　1988年

○スリランカの中央高地
（Central Highlands of Sri Lanka）
スリランカの中央高地は、スリランカの中央部の南、中央州にある。スリランカの中央高地は、ピーク野生生物保護区（19,207ha）、ホートン高原（3,109ha）、それに、ナックレス山地（ダンバラ丘陵地帯17,825ha）が構成資産である。ピーク野生生物保護区は、1940年に野生生物保護区に指定ãされたスリランカで三番目に大きい自然保護区で、海から見るとコーンの形をした古くからのランドマークであり、通称スリ・パーダ（神聖な足の意味）と呼ばれる、標高2243mの聖峰アダムス峰が特徴的である。ホートン高原は、標高2000mの地にあり、1988年に、ホートン・プレーンズ国立公園に指定されている。ホートン高原には、珍しい植物が多く、シカの群れやサルに出合うこともある。有名なワールズ・エンドでは、1000m以上の高さの絶壁を見下ろすことが出来る。ナックレス山地は比較的なだらかで、最高峰は1904mである。スリランカの中央高地は、ジュラ紀後の異なった段階で起こった海抜2500mまでの土地の隆起で形成され、カオマラサキラングール、ホートン・プレインズ・ホソリス、スリランカシロサギなどの絶滅危惧種を含む希少価値の高い動植物が生息する緊急かつ戦略的に保全すべき生物多様性のホットスポットである。
自然遺産（登録基準(xi)(x)）　2010年

タイ王国　（2物件　○2）

○トゥンヤイ − ファイ・カ・ケン野生生物保護区
（Thungyai-Huai Kha Khaeng Wildlife Sanctuaries）
トゥンヤイーファイ・カ・ケン野生生物保護区は、首都バンコクの西部130km、ミャンマーとの国境に近いカンチャナブリの郊外にある東南アジア最大級の野生生物保護区。トゥンヤイとファイ・カ・ケンの2つの野生生物保護区が、1972年に設けられている。多くの湖沼池をもつ大草原（トゥンヤイは「大きな草原」という意味）、アジアの熱帯サバンナ気候特有の竹林が目立つ原始的な密林が残る。乱獲されて数が激減している野生のマクジャク、絶滅が危惧されるゾウ、トラ、ヒョウをはじめ、東南アジアのイノシシ、サル、シカなどの哺乳類の3分の1以上が生息。理想的な野生のサンクチュアリを形成しているが、密猟者があとを絶たないことから、1992年から人の立入りが禁止されており、森林警備隊のレンジャーたちが動物の保護活動にあたっている。
自然遺産（登録基準(vii)(ix)(x)）　1991年

○ドン・ファヤエン − カオ・ヤイ森林保護区
（Dong Phayayen - Khao Yai Forest Complex）
ドン・ファヤエン-カオヤイ森林保護区は、タイの中部、バンコクの北東200kmのドン・ファヤエン連山にある森林保護区。カオは「山」、ヤイは「大きい」という意味である。ドン・ファヤエン-カオヤイ森林保護区は、タイで最初の国立公園のカオ・ヤイ国立公園、それに、タップ・ラーン国立公園、パーン・シーダー国立公園、ター・プラヤー国立公園の4つの国立公園とドン・ヤイ野生生物保護区からなる。ドン・ファヤエン-カオヤイ森林保護区は、アジアゾウ、トラ、ジャコウネコ、ヤマアラシ、テナガザル、コウモリなど生物多様性を誇る野生動物の宝庫で、300種類以上の鳥類、2500種以上の植物も記録されている。ドン・ファヤエン-カオヤイ森林保護区は、シリキット王妃の72歳の誕生日を記念して設定された。ドン・ファヤエン-カオヤイ・カーニボー保護プロジェクトが、タイ国政府、国立公園・野生生物・植物保護部、カオ・ヤイ国立公園、スミソニアン国立動物公園などの協力で進められている。カオ・ヤイ国立公園では、自然観察、キャンプ、トレッキングなどを楽しむことができる。
自然遺産（登録基準(x)）　2005年

大韓民国　（1物件　○1）

○済州火山島と溶岩洞窟群
（Jeju Volcanic Island and Lava Tubes）
済州火山島と溶岩洞窟群は、済州道、韓国の本土の南約100km、最南端の最大の島である済州島（チェジュド）にある。済州島は、面積1825km²、温暖な気候と美しい自然に恵まれた火山島で、中央には韓国最高峰の漢挙（ハンラ）山（海抜1950m）、山麓では、天地淵瀑布、正房瀑布、城山日出峰など、自然の恩恵をうけた美しい景観を呈する。漢挙山は、位置や季節によって異なる風貌を見せる神秘そのもので、「天の川を手で引っ張れるくらい高い山」と名付けられた頂上には、約2万千年前の火山爆発の時にできた直径500mの火山湖である白鹿潭（ペンノクタム）があり、周囲には大小合わせて360以上の寄生火山であるオルム（岳）がある。また、漢挙山は、世界的に絶滅の危機にさらされている極希な植物の楽園でもある。現在、漢挙山は生態系破壊を防止する為に、頂上登攀を全面統制している。済州島は、2002年にユネスコの「人間と生物圏計画（MAB）」に指定された。世界遺産の登録範囲は、済州島内の3つ

に分散し、中央部の漢拏山自然保護区、東端の海上に聳える火山灰丘として見事な景観を呈する城山日出峰、北東部の拒文岳溶岩洞窟群から構成され、登録面積は、済州島の約1割を占める。

自然遺産（登録基準(vii)(viii)）　2007年

タジキスタン共和国（1物件　○1）

○タジキスタン国立公園（パミールの山脈）
（Tajik National Park（Mountains of the Pamirs））

タジキスタン国立公園（パミールの山脈）は、タジキスタンの東部のゴルノ・バダフシャン自治州（ヴァンチ郡、シュグナン郡、ムルガブ郡）、北西部の東カロテギン直轄地（タヴィルダラ郡、ジルガトール郡）にまたがるタジキスタン初の世界自然遺産。タジキスタン国立公園は、中央アジアで最大の自然保護地域で、1992年に国立公園に指定されている。世界遺産の登録範囲は、パミール・アライ山脈の中央部の特別保護地帯で、国土面積の約20%を占める。タジキスタン国立公園の主な特徴は、タジキスタン最高峰のイスモイル・ソモニ峰（7495m）、世界有数の山岳・峡谷氷河のフェドチェンコ氷河、高山湖のサレズ湖、寒冷地の砂漠、地球上の重要な自然現象の数々である。タジキスタン国立公園は、その自然景観と地形・地質が評価された。森林や高山植物などの生態系、数多くの天然記念物、マルコ・ポーロ・マウンテンシープ、アイベックス、キョクジョ絶滅危惧種を含む数多くの動植物種の生物多様性にも富んでいる。

自然遺産（登録基準(vii)(viii)）　2013年

中華人民共和国（18物件　○14　◎4）

○泰山（Mount Taishan）

泰山（タイシャン）は、山東省の済南市、泰安市、歴城県、長清県にまたがる華北平原に壮大に聳える玉皇頂（1545m）を主峰とする中国道教の聖地。秦の始皇帝が天子最高の儀礼である天地の祭りの封禅を行って後、武帝、後漢光武帝、清康熙帝などがこれに倣った。泰山の麓の紅門から岱頂の南天門までの石段は約7000段で、全長約9kmに及ぶ。玉皇頂、それに山麓の唐の二大宮殿の一つである岱廟、また、摩崖石、経石峪金剛経、無字碑、紀泰山銘など各種の石刻が古来から杜甫、李白などの文人墨客を誘った。「泰山が安ければ四海皆安し」と言い伝えられ、中国の道教の聖地である五岳（東岳泰山、南岳衡山、北岳恒山、中岳嵩山、西岳華山）の長として人々から尊崇されてきた。泰山は、昔、岱山と称され、別称が岱宗、春秋の時に泰山に改称された。国家風景名勝区にも指定されている。「泰山の安におく」「泰山北斗」などのことわざや四字熟語も泰山に由来する。

複合遺産（登録基準(i)(ii)(iii)(iv)(v)(vi)(vii)）1987年

○黄山（Mount Huangshan）

黄山（ホッサン）は、長江下流の安徽省南部の黄山市郊外にあり、全域は154km²に及ぶ中国の代表的な名勝。黄山風景区は、温泉、南海、北海、西海、天海、玉屏の6

つの名勝区に分かれる。黄山は、花崗岩の山塊であり、霧と流れる雲海に浮かぶ72の奇峰と奇松が作り上げた山水画の様で、標高1800m以上ある蓮花峰、天都峰、光明頂が三大主峰である。黄山は、峰が高く、谷が深く、また雨も多いため、何時も霧の中にあって、独特な景観を呈する。黄山には、樹齢100年以上の古松は10000株もあり、迎客松、送客松、臥竜松などの奇松をはじめ、怪石、雲海の「三奇」、それに、温泉の4つの「黄山四絶」を備えている。また、黄山の山間には堂塔や寺院が点在し、李白（701〜762年）や杜甫（712〜770年）などの文人墨客も絶賛した世間と隔絶した仙境の地であった。黄山は、古くは三天子都、秦の時代には、黟山（いざん）と呼ばれていたが、伝説上の帝王軒轅黄帝がこの山で修行し仙人となったという話から道教を信奉していた唐の玄宗皇帝が命名したといわれている。黄山は、中国初の国家重点風景名勝区で、中国の十大風景名勝区の一つ。

複合遺産（登録基準(ii)(vii)(x)）　1990年

○九寨溝の自然景観および歴史地区
（Jiuzhaigou Valley Scenic and Historic Interest Area）

九寨溝（チウチャイゴウ）の自然景観および歴史地区は、中国の中部、四川省の成都の北400km、面積が620km²にも及ぶ岷山山脈の秘境渓谷で、長海、剣岩、ノルラン、樹正、扎如、黒海の六大風景区などからなる。一帯にチベット族の集落（寨）が9つあることから九寨溝と呼ばれている。湖水の透明度が高く湖面がエメラルド色の五花海をはじめ、九寨溝で最も大きい湖である長海、最も美しい湖といわれる五彩湖など100以上の澄みきった神秘的な湖沼は、樹林の中で何段にも分けて流れ落ちる樹正瀑布、珍珠灘瀑布などの滝や広大な森林と共に千変万化の美しい自然景観を形成している。九寨の山水は、原始的、神秘的であり、「人間の仙境」と称えられ、「神話世界」や「童話世界」とも呼ばれるこの一帯は、レッサーパンダやジャイアントパンダ、金糸猴など稀少動物の保護区にもなっている。九寨溝は、1982年に全国第1回目重点風景名勝地の一つとして中国国務院に認定されているほか、九寨溝渓谷は、1997年にユネスコの「人間と生物圏計画」（MAB）の生物圏保護区にも指定されている。2017年8月8日の大地震によって、火花海が決壊するなど大きな被害を受けた。

自然遺産（登録基準(vii)）　1992年

○黄龍の自然景観および歴史地区
（Huanglong Scenic and Historic Interest Area）

黄龍（ファンロン）は、四川省の成都の北300kmの玉山翠麓の渓谷沿いにある湖沼群。黄龍は九寨溝に近接し、カルシウム化した石灰岩層に出来た湖沼が水藻や微生物の影響でエメラルド・グリーン、アイス・ブルー、硫黄色など神秘的な色合いをみせる8群、3400もの池が棚田のように重なり合い独特の奇観を呈する。なかでも、最も規模が大きい黄龍彩池群、それに五彩池と100以上の池が連なる石塔鎮海は、周辺の高山、峡谷、滝、それに林海と一体となった自然景観はすばらしい。また、黄龍は、植物や動物の生態系も豊かで、ジャイアント・パンダや金糸猴などの希少動物も生息している。黄龍は、その雄大さ、険しさ、奇異さ、野外風景の特色で、「世界の奇観」、「人間の仙境」と称えられている。標高5588mの雪宝頂を主峰とする岷山を背景

世界遺産リストに登録されている自然遺産

にして建つ仏教寺院の黄龍寺は、明代の創建。黄龍は、国の風景名勝区に指定されており、黄龍風景区と牟尼溝風景区の2つの部分からなっているほか、2000年にユネスコの「人間と生物圏計画」(MAB)の生物圏保護区に指定されている。

自然遺産（登録基準(vii)）　1992年

○武陵源の自然景観および歴史地区
（Wulingyuan Scenic and Historic Interest Area）

武陵源（ウーリンユアン）の自然景観および歴史地区は、湖南省の北西、四川省との境にある武陵山脈の南側にある標高260～1300m、面積369km²の山岳地帯。武陵源は、1億万年前は海であったが、長い間の地殻運動と風面の侵食により石英質の峰が林立し、奥深い峡谷がある地形が形成されたといわれている。武陵源の中心にある数千の岩峰が延々と続く張家界国立森林公園、瀑布、天橋、溶洞、岩峰、石林など奇特な地貌の天子山自然風景区、「天然の盆栽」と称えられている山水の奇観が印象的な索渓峪自然風景区、百猴谷や竜泉峡などの渓谷美が素晴しい揚家界風景区の4地域からなる。なかでも、天子山の御筆峰などの奇峰、黄竜洞などの大鍾乳洞、張家界の金鞭渓などの渓谷や紫草潭などの清流、天子山の滝などが、ここぞ桃源郷の感を抱かせる。また、武陵源は生態系も豊かで、ミズスギ、イチョウ、キョウドウなどの稀少植物、キジ、センザンコウ、ガンジスザル、オオサンショウウオなどの稀少動物も生息している。武陵源は、国の風景名勝区に指定されており、観光、探険、科学研究、休養などができる総合的観光区に発展しつつある。

自然遺産（登録基準(vii)）　1992年

◎楽山大仏風景名勝区を含む峨眉山風景名勝区
（Mount Emei Scenic Area, including Leshan Giant Buddha Scenic Area）

峨眉山（オーメイサン）は、四川省の省都である成都から225km離れた四川盆地の西南端にある。中国の仏教の四大名山（峨眉山、五台山、九華山、普陀山）の一つで、普賢菩薩の道場でもある仏教の聖地。峨眉山の山上には982年に建立された報国寺など寺院が多く、「世界平和を祈る弥勒法会」などの仏教行事がよく行われる。また、峨眉山は、亜熱帯から亜高山帯に広がる植物分布の宝庫でもあり、樹齢千年を越す木も多い。一方、楽山（ローサン）は、中国の有名な観光地で、内外に名高い歴史文化の古い都市である。その東にある凌雲山の断崖に座する弥勒仏の楽山大仏（ローサンダーフォー）は、大渡河、岷江など3つの川を見下ろす岩壁の壁面に彫られた高さ71m、肩幅28m、耳の長さが7mの世界最大の摩崖仏で、713年から90年間かかって造られた。俗に「山が仏なり仏が山なり」といわれ、峨眉山と共に、豊かな自然景観と文化的景観を見事に融合させている。

複合遺産（登録基準(iv)(vi)(x)）　1996年

◎武夷山（Mount Wuyi）

武夷山（ウーイーシャン）は、福建省と江西省とが接する国家風景名勝区にある。「鳥の天国、蛇の王国、昆虫の世界」と称えられ、茫々とした亜熱帯の森林には、美しい白鷺、猿の群れ、そして、珍しい鳥、昆虫、木、花、草が数多く生息しており、1979年には国家自然保護区、1987年にはユネスコの「人間と生物圏計画」(MAB)

の生物圏保護区にも指定されている。また、脈々とそびえ立つ武夷山系の最高峰の黄崗山（2158m）は、「華東の屋根」とも称されている。武夷山は、交錯する渓流、勢いよく流れ落ちる滝、水廉洞の洞窟の風景もすばらしく、玉女峰が聳える九曲渓では、漂流を楽しむこと出来る。また武夷山中には、唐代の武夷宮、宋代の朱子学の開祖、朱熹（朱子）が講学を行なった紫陽書院なども残っている。武夷山はウーロン茶の最高級品として名高い武夷岩茶の産地としても有名である。

複合遺産（登録基準(iii)(vi)(vii)(x)）　1999年

○雲南保護地域の三江併流
（Three Parallel Rivers of Yunnan Protected Areas）

雲南保護地域の三江併流は、中国南西部の雲南省北部にあり、面積が170万haにも及ぶ国立公園内にある8つの保護区群からなる。雲南保護地域の三江併流は、美しい自然景観が特色で、豊かな生物多様性、地質学、地形学、それに、地理学上も大変重要である。例えば、動物種の数は、700種以上で中国全体の25%以上、高山植物は、3000種以上で20%にも及ぶ。1998年に指定された三江併流国家重点風景名勝区の名前は、雲南省北西部を170km以上にもわたり並行して流れる金沙江、金沙江、瀾滄江の3つの川に由来する。東方に流れる金沙江は、中国最長の長江上流の流入河川の一つである。瀾滄江は、北から南に流れ、メコン川の上流となる。怒江は、北から南に蛇行しミャンマーを貫流するサルウィン川の上流となる。三江は、海抜760mの怒江大峡谷から、海抜4000mの碧羅雪山、海抜6740mの前人未踏の梅里雪山に至るまで、雪山、氷山、氷河、カルスト洞窟、鍾乳洞、高山湖沼、森林、平原、沼地などの変化に富んだ地形、それに、貴重な動植物が生息する生物多様性を誇る。一方、雲南保護地域は、顔に刺青を入れた紋面の女性のいる独龍族などが住んでいる中国でも屈指の秘境である。

自然遺産（登録基準(vii)(viii)(ix)(x)）
2003年／2010年

○四川省のジャイアント・パンダ保護区群
ー臥龍、四姑娘山、夾金山脈
（Sichuan Giant Panda Sanctuaries - Wolong, Mt. Sigunian, and Jiajin Mountains）

四川省のジャイアント・パンダ保護区群は、四川省を流れる大渡河と岷江の間に位置する秦嶺山脈の中にあり、臥龍など7つの自然保護区と四姑娘山、夾金山など9つの風景名勝区からなる。世界遺産の登録面積は924,500haで、世界の絶滅危惧種のパンダの30%以上が生息する地域である。第三紀の古代の熱帯林からの残存種であるジャイアント・パンダ（大熊猫）の最大の生息地を構成し、繁殖にとって、種の保存の最も重要な場である。また、レッサー・パンダ、ユキヒョウ、ウンピョウの様な他の地球上の絶滅危惧動物の生息地でもある。四川ジャイアント・パンダ保護区群は、植物学的にも、1000以上の属の5000～6000の種が自生する世界で最も豊かな地域の一つである。四川省のジャイアント・パンダ保護区群は、2008年5月12日に発生したマグニチュード8.0(中国地震局)の大地震によって、深刻な被害を被り、復興が行なわれている。

自然遺産（登録基準(x)）　2006年

○ 自然遺産　◎ 複合遺産　★ 危機遺産

◯中国南方カルスト （South China Karst）

中国南方カルストは、雲南省、貴州省、重慶市、広西チワン族自治区にまたがるカルスト地形の奇観で知られた地域で、50万～3億年の歳月をかけて形成された世界有数の石灰岩と白雲岩を主とした炭酸塩岩の岩石地帯である。中国南方カルストの構成資産は、雲南石林カルスト、荔波カルスト、重慶武隆カルストなどからなる。中国南方カルストの特長は、面積が広く、地形の多様性、典型性があり、生物の生態が豊富という点にある。中国南方カルストは、自然遺産としては、中国で初めて複数の省、市、自治区が共同で登録申請したもので、長い地質年代を経た、世界でも重要かつ典型的な自然の特徴をもったカルスト地形である。第38回世界遺産委員会ドーハ会議で、第二段階（Phase II）として、桂林カルスト（広西チワン族自治区）、施秉カルスト（貴州省）、金仏山カルスト（重慶市）、环江カルスト（広西チワン族自治区）を登録範囲に加え拡大、世界遺産の登録面積は、97,125ha、バッファー・ゾーンは、176,228haになった。

自然遺産（登録基準(vii)(viii)）　2007年／2014年

◯三清山国立公園
(Mount Sanqingshan National Park)

三清山国立公園は、中国の中央部の東方、江西省の北東部の上饒市にあり、世界遺産の核心地域の面積は2,950haに及ぶ。三清山（サンチンサン）の名前は、標高1817mの玉京峰をはじめ、玉華峰、玉座峰の三つの峰が、道教の始祖、玉清境洞真教主・元始天尊、上清境洞玄教主・霊宝天尊、太清境洞神教主・道徳天尊の三人が肩を並べて座っている姿に見立てて付けられたと言われている。三清山国立公園は、人間や動物の形に似た花崗岩の石柱などの奇岩、それに奇松が素晴らしく、類いない風景美を誇る景勝地で、中国の「国家重点風景名勝区」にも指定されている。三清山国立公園は、多彩な植生を育む森林、幾つかは60mの高さがある数多くの滝、湖沼群があるのも特徴の一つである。また三清山は、1600年の歴史を有する道教の聖地としても有名で、「小黄山」、「江南第一仙峰」、「露天道教博物館」とも呼ばれている。三清山国立公園は、森林率も89%と高い為、四川大地震の影響で緊急避難先を探しているパンダの「第二の故郷」にも名乗りを挙げている。

自然遺産（登録基準(vii)）　2008年

◯中国丹霞 （China Danxia）

中国丹霞は、貴州省の赤水、湖南省の崀山、広東省の丹霞山、福建省の泰寧、江西省の竜虎山、浙江省の江朗山の6つの地形的、地理学的に関連した中国の丹霞地形（英語：Danxia Landform、中国語：丹霞地貌）のことである。中国の丹霞地形の6地域の核心地域は、82,151ha、緩衝地域は、136,206haであり、独特の自然景観を誇る岩石の地形で、険しい絶壁が特徴的な赤い堆積岩から形成されている。丹霞山は2004年に、竜虎山は2008年に地質学的に見て国際的にも貴重な特徴を持つ「世界ジオパーク」（世界地質公園）に認定された。中国丹霞は、亜熱帯性常緑広葉樹林を育み、400種の希少種や絶滅危惧種を含む動植物の生物多様性を擁している。

自然遺産（登録基準(vii)(viii)）　2010年

◯澄江の化石発掘地 （Chengjiang Fossil Site）

澄江（チェンジャン）の化石発掘地は、中国の南部、雲南省中部の玉渓市澄江県帽天山地区にある澄江自然保護区と澄江国家地質公園にまたがる古生物化石群の発掘地で、世界遺産の登録面積は512ha、バッファー・ゾーンは220haである。澄江の化石発掘地は、約5億2500万年～約5億2000万年前の古生代カンブリア紀の前期中盤に生息していた40余部類、100余種の動物群（澄江動物群、もしくは、澄江生物群と呼ばれている）の化石の発掘地で、生物硬体化石と精緻な生物軟体印痕化石が保存されている、きわめて重要な地質遺跡である。澄江の化石発掘地は、5.8億年前のオーストラリアの「エディアカラ動物化石群」、5.15億年前のカナダの「バージェス頁岩動物化石群」と共に「地球史上の早期生物進化の実例となる三大奇跡」、「20世紀における最も驚異と見なされる発見の一つ」と言われている。澄江の化石発掘地は、高原構造湖である撫仙湖とも隣接しており、居住する少数民族のイ族やミャオ族の多彩な風情にも出会える。

自然遺産（登録基準(viii)）　2012年

◯新疆天山 （Xinjiang Tianshan）

新疆天山は、中国の西端、新疆ウイグル地区のウルムチ市、イリカザフ自治州、昌吉回族自治州、阿克蘇地区にまたがる天山山脈。新疆天山は、天山天池国家級風景区などの博格達峰（5445m）、中天山、バインブルグ草原、天山山脈の最高峰でキルギスとの国境に位置するトムール（托木爾）峰（7435m）の4つの構成資産からなる多様性に富んだ地域で、固有の動植物種140種、および希少種や絶滅危惧種477種が生息している。なかでも、天山天池は、地形の変化が激しい自然景勝地で、湖、森林、山谷、オアシス、草原、砂漠などが一体となった自然博物館である。天山七大山系の一つで、東西の全長が2500km、幅が平均250～350kmから最高800kmに及ぶ。東は新疆ハミ（哈密）の星星峡のゴビ砂漠から、西はウズベキスタンのキジル・クム砂漠、パミール、北はアルタイ山脈、南は崑崙山脈に至るまで、中国、カザフスタン、ウズベキスタン、キルギスの4か国にまたがり、中央アジアの脊梁を形成する。今回は中国側の新疆天山が登録されたが、キルギス側など登録範囲の拡大が期待される。

自然遺産（登録基準(vii)(ix)）　2013年

◯湖北省の神農架景勝地 （Hubei Shennongjia）

湖北省の神農架景勝地は、中国の中東部、湖北省の西部の辺境にある森林自然保護区で、世界遺産の登録面積は73318ha、バッファー・ゾーンは41536haで、その生態系と生物多様性を誇る。構成資産は、神農頂、老君山である。中国における農業・医薬の神である神農が、架（台）をつくり薬草を採取したと言われている神農架は、豊かな自然環境が残る地域として知られている。神農頂国家自然保護区、燕天景区、香渓源観光区、玉泉河観光区の四つの風景区を含む亜熱帯森林生態系の景勝地である。キンシコウ、白クマ、スマトラカモシカ、オオサンショウウオ及びタンチョウヅルなどの動物や鳥類が生息している。

自然遺産（登録基準(ix)(x)）　2016年

世界遺産リストに登録されている自然遺産

○青海可可西里 （Qinghai Hoh Xil）

青海可可西里（フフシル）は、中国の南西部、チベット（西蔵）自治区の北部、青海省の西部、甘粛省、四川省、雲南省にまたがるヒマラヤ山脈と崑崙山脈との間に広がる、海抜が4500mを超える世界最大の高原である青海チベット高原の北東の後背地にある世界第三の広さを持つ無人地帯で、原始的な自然状態がほぼ完璧に維持されている青海可可西里国立自然保護区と三江源国立自然保護区からなる。世界遺産の登録面積は、3,735,632haで、バッファー・ゾーンは2,290,904haである。青海フフシルは、平均気温が氷点下で、冬はマイナス45度に達する過酷な気候、草原、砂漠、7000以上の湖、255の氷河などの雄大な自然景観、植物の1／3以上、哺乳類の3／5は固有種、絶滅危惧種のチベットアンテロープ、野生のヤクやロバなど230種の野生動物など豊かな生物多様性を誇り、長江の水源にもなっている。標高6000m前後の峰が連なり山頂に万年雪を頂く青海フフシルの高原生態系は、地球上の気候変動から大きな影響に直面している。尚、フフシルとはモンゴル語で「青い高原」を意味し、チベット名の「ホホシリ」、中国名の「可可西里」はいずれもこのモンゴル名を音写したものである。
自然遺産（登録基準(vii)(x)）　2017年

○梵浄山 （Fanjingshan）

梵浄山は、中国の南西部、貴州省銅仁市のほぼ中心にある海抜500m〜2,570mの高大な山で梵浄山風景区に指定されている。武陵山脈の主峰であり、核心地域（コアゾーン）の面積は402.75平方km、緩衝地域（バッファゾーン）は372.39平方kmである。梵浄山の生態システムには、古代の祖先種の形状を色濃く残している「生きた化石」や稀少・絶滅危惧種および固有種が大量に生息しており、4394種の植物と2767種の動物が生息する東南アジア落葉樹林生物区域の中で最も注目エリアの一つである。また、世界で唯一の貴州ゴールデンモンキーと梵浄山ホンショウモミの生息地で、裸子植物の種類が世界で最も豊富な地区となっている。さらには、アジアで最も重要なイヌブナ林保護地であり、東南アジア落葉樹林生物区域の中でコケ植物の種類が最も豊かなエリアでもある。貴州省としては荔波（Libo）カルスト、赤水丹霞（Chishui Danxia）、施乗（Shibing）カルストに次ぐ4番目の世界自然遺産である。
自然遺産　登録基準(x)　2018年

○中国の黄海・渤海湾沿岸の渡り鳥保護区群 （第1段階）
（Migratory Bird Sanctuaries along the Coast of Yellow Sea-Bohai Gulf of China (Phase I)）

中国の黄海・渤海湾沿岸の渡り鳥保護区群（第1段階）は、中国の東部、中国大陸と朝鮮半島の間にある黄海、山東半島と遼東半島に囲まれた渤海湾の沿岸の渡り鳥保護区群で、登録面積が188,643 ha、バッファー・ゾーンが80,056 haである。黄海およびその西部に位置する渤海をあわせた沿岸域生態系は、世界自然保護基金（WWF）の黄海エコリージョンで、オランダ・ドイツ・デンマークの3か国にまたがるワッデン海次ぐ潮間帯湿地の世界遺産になった。ラムサール条約（「特

に水鳥の生息地として国際的に重要な湿地に関する条約」）の保護下でもあり、絶滅危惧種である渡り鳥の重要な越冬の経由地である。この沿岸域には、南堡（ナンプ）湿地など広大な干潟が広がり、毎年数十万羽のシギやチドリなどの渡り鳥が翼を休める一大渡来地となっているが、急速な経済発展に伴い、その自然は埋め立てによる消失、養殖場への改変、排水やゴミによる汚染の危機にさらされている。今回、世界遺産に登録されたことにより、東アジア・オーストラリア地域フライウェイと生息地の自然保護強化の面で、大きな期待が高まっている。
自然遺産（登録基準((x)）　2019年

日本 （4物件　○4）

○白神山地 （Shirakami-Sanchi）

白神山地は、青森県、秋田県にまたがる広さ170km²におよび世界最大級の広大なブナ原生林。白神岳を中心に1000m級の山々が連なる。白神山地のブナ林は、800年近い歴史をもち、縄文時代の始まりとともに誕生したと考えられており、縄文に始まる東日本の文化は、ブナの森の豊かな恵みの中で育まれてきた。古代の人々の生活そのものの狩猟、採取はブナの森の豊かさに支えられ、現代の私たちもブナの森の恵みに預かっている。世界遺産登録区域は、16,971ha（青森県側12,627ha、秋田県側 4,344ha）であり、世界最大級のブナ原生林の美しさと生命力は人類の宝物といえる。また、白神山地全体が森林の博物館的景観を呈している。植物の種類も豊富で、アオモリマンテマ、ツガルミセバヤ等500種以上にのぼり、ブナ群落、サワグルミ群落、ミズナラ群落等多種多様な植物群落が共存している。動物は、絶滅の恐れがある国の天然記念物のクマゲラをはじめ、本州では珍しいクマゲラ等の鳥類、哺乳類では、ニホンカモシカ、ニホンツキノワグマ、ニホンザル、ホンドオコジョ、ヤマネ等、また、昆虫類は、2000種以上の生息が確認されている。
自然遺産（登録基準(ix)）　1993年

○屋久島 （Yakushima）

屋久島は、鹿児島県の南方約60kmのコバルトブルーの海に浮かぶ周囲132km、面積500km²、わが国では5番目に大きい離島。屋久島は、中生代白亜紀の頃までは海底であったが、新生代になって造山運動が活発化、約1400万年前、海面に岩塊の一部が現われ島の原形がつくられた。日本百名山の一つで、九州最高峰の宮之浦岳（1935m）を中心に、永田岳、安房岳、黒味岳など1000を越える山々が40座以上も連なる。登録遺産は、宮之浦岳を中心とした島の中央山岳地帯に加え、西は国割岳を経て海岸線まで連続し、南はモッチョム岳、東は愛子岳へ通じる山稜部を含む区域。国の特別天然記念物にも指定されている樹齢7200年ともいわれる縄文杉を含む1000年を超す天然杉の原始林、亜熱帯林から亜寒帯林に及ぶ植物の、山頂まで垂直分布しており、クス、カシ、シイなどが美しい常緑広葉樹林（照葉樹林）は世界最大規模。樹齢1000年以上の老樹の杉を特に屋久杉と呼ぶ。樹齢数100年の若い杉は屋久

世界遺産リストに登録されている自然遺産

杉。屋久杉の木目は美しく、樹脂が多く、材質は朽ち難く世界の銘木として珍重されている。またヤクザル、ヤクシカ、鳥、蝶、昆虫類も多数生息している。
自然遺産（登録基準(vii)(ix)）　1993年

○知床 （Shiretoko）

知床は、北海道の北東にあり、地名はアイヌ語の「シリエトク」に由来し、地の果てを意味する。知床の世界遺産の登録面積は、核心地域が34,000ha、緩衝地域が37,100haの合計71,100haである。登録範囲は、長さが約70kmの知床半島の中央部からその先端部の知床岬までの陸域48,700haとその周辺のオホーツク海域22,400haである。知床は、海と陸の生態系の相互作用による複合生態系の顕著な見本であり、海、川、森の各生態系を結ぶダイナミックなリンクは、世界で最も低緯度に位置する季節的な海氷の形成とアイス・アルジーと呼ばれる植物プランクトンの増殖によって影響を受けている。それは、オオワシ、オジロワシ、シマフクロウなど絶滅が危惧される国際的希少種やシレトコスミレなどの知床山系固有種にとってでもある。知床は、脅威にさらされている海鳥や渡り鳥、サケ科魚類、それにトドや鯨類を含む海棲哺乳類にとって地球的に重要である。2005年7月に南アフリカのダーバンで開催された第29回世界遺産委員会で世界遺産になった。わが国では13番目の世界遺産、自然遺産では3番目で、海域部分が登録範囲に含まれる物件、そしてその生物多様性が登録基準として認められた物件としては、わが国初である。将来的に、その環境や生態系が類似しているクリル諸島（千島列島 ロシア連邦）との2か国にまたがる「世界遺産平和公園」（World Heritage Peace Park）として発展する可能性もある。また、知床の管理面では、誇れる伝統文化を有する先住民族アイヌの参画、そして、エコツーリズム活動の発展も望まれている。2015年には世界遺産登録10周年を迎える。
自然遺産（登録基準(ix)(x)）　2005年

○小笠原諸島 （Ogasawara Islands）

小笠原諸島は、日本の南部、東京湾からおよそ1,000km（竹芝～父島間）南方の海上に、南北400kmにわたって分布する大小30余りの島々からなる。世界遺産の登録面積は7,939haで、北ノ島、婿島、媒島、嫁島、弟島、兄島、父島、西島、東島、南島、母島、向島、平島、姪島、姉島、妹島、北硫黄島、南硫黄島、西之島の島々と周辺の岩礁等、それに海域の21構成資産からなる。小笠原諸島は、地球上の大陸形成の元となる海洋性島弧（海洋プレート同士がぶつかり合って形成された列島）が、どのように発生し成長するかという進化の過程を、陸上に露出した地層や無人岩（ボニナイト）などの岩石から解明することのできる世界で唯一の場所である。小笠原諸島の生物相は、大陸と一度も陸続きになったことのない隔離された環境下で、様々な進化をとげて多くの種に分化した生物から構成され、441種類の固有植物など固有種率が高い。小笠原諸島は、海洋島生態系における進化の過程を代表する顕著な見本である。小笠原諸島は、限られた陸域でありながら、固有種を含む動植物の多様性に富んでおり、オガサワラオオコウモリやクロアシアホウドリなど世界的に重要とされる絶

滅のおそれのある195種の生息・生育地でもあり、北西太平洋地域における生物多様性の保全のために不可欠な地域でもある。
自然遺産（登録基準(ix)）　2011年

ネパール連邦民主共和国 （2物件 ○2）

○サガルマータ国立公園 （Sagarmatha National Park）

サガルマータ国立公園は、ネパールの東部、首都カトマンズの北東165km、中国と国境を接する総面積1244km²の山岳地帯、サガルマータ県ソルクンブ郡にある。世界最高峰のエベレスト（ネパール語でサガルマータ、シェルパ族の間ではチョモランマ）をはじめローツェ、マカルー、チョオユの4座を中心に7000～8000m級のヒマラヤ山脈の山岳地帯を含む世界の屋根である。サガルマータ国立公園は、1976年に国立公園に指定された。世界遺産の登録面積は114,800haである。公園内には高山植物やヒマラヤ・ジャコウジカ、ヒマラヤグマ、ヒマラヤタール、ユキヒョウ、レッサーパンダなどの大型動物やイワヒバリなどの珍しい鳥やテンジクウスバシロチョウなどの蝶も数多く生息する貴重な動植物の宝庫。観光客が残すゴミなどの環境対策、外来種の侵入、森林の伐採、気候変動による氷河の後退などの脅威や危険に対応した保全管理が課題になっている。
自然遺産（登録基準(vii)）　1979年

○チトワン国立公園 （Chitwan National Park）

チトワン国立公園（旧ロイヤル・チトワン国立公園）は、ネパールの首都カトマンズの南西120kmにあり、インドとの国境地帯のタライと呼ばれる標高70～200mの平原の湿地帯に広大なジャングルと草原が展開する。不法な移住、森林の伐採、乱獲などの脅威から守る為、1973年に国立公園に指定された。チトワン国立公園には、絶滅の恐れのあるインドサイのほかベンガルタイガー、ナマケグマ、ヒョウ、野牛、象などの大型動物の他、山猫やイノシシなどの野生動物が生息している。また、世界一と言われる野鳥の種類は500種以上に及び、カラフルなのが印象的。チトワン国立公園は、一般観光客にも開放されており、象の背中に乗って公園内を巡るジャングル・サファリなどを楽しむことができる。1984年に「ロイヤル・チトワン国立公園」として世界遺産登録されたが、ネパール政府が2008年に王制を廃止し国立公園名も変更、これに伴い2011年の第35回世界遺産委員会パリ会議で現在の登録遺産名に変更した。
自然遺産（登録基準(vii)(ix)(x)）　1984年

バングラデシュ人民共和国 （1物件 ○1）

○サンダーバンズ （The Sundarbans）

サンダーバンズは、バングラデシュの南西部のクルナ州にあり、広大なマングローブ林は、世界最大級で、ベンガル湾沿いのガンジス川、ブラマプトラ川、メジナ川流域のデルタ地帯を形成している。サンダーバン

○ 自然遺産　◎ 複合遺産　★ 危機遺産

世界遺産リストに登録されている自然遺産

ズの世界遺産の登録面積は、3つの野生生物保護区を含む139,500haに及ぶ。サンダーバンズは、水路、湿地、小島、マングローブ林に囲まれ生態系の進行過程を表わし、260種に及ぶ鳥類、ベンガル・トラ（ベンガル・タイガー）、それに、河口ワニやインド・パイソンなど絶滅の危機に瀕する動物などの広大な動物相は有名であり、その生物多様性を誇る。2007年11月にバングラデシュを直撃したサイクロンによって、甚大な被害を受けた。サンダーバンズは、ベンガル語でシュンドルボンと言い、「美しい森」を意味する。サンダーバンズに隣接するインド側のスンタルバンス国立公園も1987年に世界遺産に登録されている。

自然遺産（登録基準(ix)(x)）　1997年

フィリピン共和国 （3物件　○3）

○トゥバタハ珊瑚礁群自然公園
（Tubbataha Reefs Natural Park）

トゥバタハ珊瑚礁群自然公園（TRNP）は、フィリピンの南西部、パラワン州のスル海、平均水深が750mのカガヤン海嶺の中間の120kmに展開し、水深2000m以上の公海も含む。トゥバタハ珊瑚礁群自然公園は、ノース環礁、サウス環礁、ジェシー・ビーズリー珊瑚礁からなる。ノース環礁は、幅が4.5km、長さが16kmの長方形の台地、サウス環礁は、幅が3km、長さが5kmの小さな三角形の珊瑚礁、いずれの小島もカツオドリなどの海鳥や海亀の生息地であり、数多くの海洋性の動植物の宝庫であり、豊かな漁場にも接している。ジェシー・ビーズリー珊瑚礁は、幅が3km、長さが5kmである。近年、ダイナマイトを使用した漁法等による破壊が著しい為、フィリピン環境天然資源省は、日本の協力を得て、トゥバタハ珊瑚礁の環境保全を図る為の保護管理計画を策定している。1993年に「トゥバタハ岩礁海洋公園」として世界遺産登録されたが、2009年に登録範囲を拡大（33,200ha→130,028ha）、登録遺産名も「トゥバタハ珊瑚礁群自然公園」に変更した。2017年7月、騒音や汚染、船舶の座礁のリスクを回避する為、国際的船舶に世界遺産地の航行を避ける国際海事機関（IMO）の特別敏感海域（PSSA）に指定された。2018年1月から発効する。

自然遺産（登録基準(vii)(ix)(x)）
1993年／2009年

○プエルト・プリンセサ地底川国立公園
（Puerto-Princesa Subterranean River National Park）

プエルト・プリンセサ地底川国立公園は、フィリピンの南西部、パラワン州のセント・ポール山岳地域にある。プエルト・プリンセサ地底川国立公園は、地下河川が流れる美しい石灰岩カルスト地形の景観が特徴で、地下河川は、直接海に注ぎ込み、下流の河口部は、潮の干満の影響をうける自然現象をもっている。また、この地域の年間平均降水量は2000～3000mm、平均気温は27℃で、アジアでも有数のパラワン湿性林が繁り、また手付かずのままの山と海との生態系も保たれており、生物多様性の保全をはかる上での重要な生物地理区にある。地底の川を探検するアンダーグラウンド・リバー・ツアーを楽しむことができる。サバンやサン・ラファエルでの無秩序な観光開発が、世界遺産管

理上の脅威になっている。

自然遺産（登録基準(vii)(x)）　1999年

○ハミギタン山脈野生生物保護区
（Mount Hamiguitan Range Wildlife Sanctuary）

ハミギタン山脈野生生物保護区は、フィリピンの南部、ミンダナオ島の南東部の東ダバオ州にある。ブナダ半島を南北に走るハミギタン山（1,620m）の山域にあり、世界遺産の登録面積は、16,036.67ha、バッファー・ゾーンは、9,797.78haである。ハミギタン山脈は、フィリピンで最も多様な野生生物の数が多い野生生物保護区で、2003年に国立公園に、2004年に野生生物保護区に指定された。ハミギタン山脈野生生物保護区では、フィリピンの国鳥であるフィリピン・イーグル（鷲）、フィリピン・オウムなどの動物、数種のネペンテス（ウツボカズラ）、ショレア・ポリスペマ（フィリピン・マホガニー）などの植物が見られ、フィリピンで唯一のユニークな保護森林もある。この様に、ハミギタン山脈野生生物保護区には、絶滅危惧種や固有種など多様な生物が生息している。

自然遺産（登録基準(x)）　2014年

マレーシア （2物件　○2）

○ムル山国立公園 （Gunung Mulu National Park）

ムル山国立公園は、ボルネオ（カリマンタン）島のサラワク州にある生物多様性に富んだカルスト地域。その面積は、52864haに及び、17の植生ゾーンに3500種もの維管束植物が見られる。なかでも、ヤシの種類は豊富で100以上が確認されている。ムル山国立公園には、標高2377mの石灰岩の岩肌をむき出したムル山（グヌンGunungは現地語で山の意味）がそびえ立っており、太古の地殻変動によって造られた、総延長が295kmもある東南アジアで最大級の大規模なムル洞窟群のディア洞窟、ウインド洞窟、ラング洞窟、クリアウォーター洞窟などには、コウモリや燕などの野生動物が生息している。なかでも、ルバング・ナシブ・バグース洞窟には、広さが600m×415m×80mもあるサラワク・チェンバーがあり、世界最大といわれている。グヌン・ムル国立公園という和文表記もある。

自然遺産（登録基準(vii)(viii)(ix)(x)）　2000年

○キナバル公園 （Kinabalu Park）

キナバル公園は、ボルネオ島北東部のマレーシアのサバ州にある。キナバル公園は、1964年に国立公園に指定され、その面積は753km²の広さである。キナバル公園は、マレーシアの最高峰を誇る標高4095mのキナバル山と共に熱帯雨林から高山帯まで移行する気候変化、および、ボルネオ島に生息するほとんどの絶滅の危機に瀕する種を含む哺乳類、鳥類、両生類、無脊椎動物が棲息する場所として極めて重要である。キナバル山の植物の垂直分布は多様で、山麓の豊かな湿地林に始まり、山地帯、亜高山帯、更に、山頂近くの低木林に、東南アジアの種々の植物が見られ、なかでも、ヒマラヤ、中国、オーストラリア、マレーシア地区特有の汎熱帯植物が多種見うけられる。キナバルは、マレー語で、中国寡婦を意味し、中国に帰国した夫を偲ぶ先住民の妻の伝説が残っている。

自然遺産（登録基準(ix)(x)）　2000年

モンゴル国（2物件　○2）

○ウフス・ヌール盆地（Uvs Nuur Basin）

ウフス・ヌール盆地は、首都ウランバートルの西北およそ1000kmにあるモンゴルとロシア連邦にまたがる盆地である。ウフス・ヌール盆地は、モンゴル側のウフス湖とロシア連邦側のヌール湖からなる、広大、浅くて塩分濃度が高いウフス・ヌール湖を中心にその面積は106.9万haに及ぶ。氷河をともなう高山帯、タイガ、ツンドラ、砂漠・半砂漠、ステップを含み、中央アジアにある主要な生態系が全て見られる。この辺りは中央アジア砂漠の最北地で、3000m級の山々がウフス湖を囲むように連なっている。そしてモンゴル側の7710km²が、ロシア側の2843km²がユネスコの生物圏保護区に指定されている。ここに残された豊かな自然は、美しい景観だけではなく、多くの野生生物の生息地となっている。動物では、オオカミ、ユキヒョウ、オオヤマネコ、アルタイイタチ、イノシシ、エルク、アイベックス、モウコガゼル、鳥類では、220種を数え、その中に稀少種、絶滅危惧種も含まれ、ユーラシアヘラサギ、インドガン、オジロワシ、オオハクチョウなどが生息する。植物では、凍原性のカモジグサ属やキジムシロ属の草、ツンドラのヒゲハリスゲ、ベトゥラ・ナナ、イソツツジなどの低木、山岳針葉樹木のヨーロッパカラマツやケカンバが挙げられる。

自然遺産（登録基準(ix)(x)）　2003年
モンゴル／ロシア

○ダウリアの景観群（Landscapes of Dauria）

ダウリアの景観群は、モンゴルの北東部のドルノド県のチュルンホロート郡、ダシュバルバル郡、グルバンブガル郡、ロシア連邦の南東部のザバイカリエ地方のオノン地区、ザバイカリスク地区などにある。世界遺産の構成資産は、モンゴルのダウリアの景観、ダグール特別保護地域、ウグタム自然保護区、ロシア連邦のダウルスキー自然生物圏保護区、ダウリアの景観からなる。登録面積は912,624ha、バッファー・ゾーンは307,317haである。この様にモンゴルとロシア連邦の2国にまたがる、ダウリアの半砂漠の草原地帯であるステップ・エコリージョンの顕著な事例であり、モンゴルの東部から、ロシアのシベリアや中国の北東部へと広がる。明確に雨季と乾季がある循環的な気候変動は、生物種の多様性や世界的に重要な生態系を生み出している。草原や森林、湖沼群や湿地群の様な幅広いステップのタイプは、マナヅルやノガン、絶滅危惧種の渡り鳥の様な希少な動物種の生息地になっており、モンゴル・ガゼルの移動経路の重要拠点にもなっている。

自然遺産（登録基準(ix)(x)）　2017年
モンゴル／ロシア

〈太平洋地域〉

5か国（79物件　○67　◎12）

オーストラリア連邦（16物件　○12　◎4）

○グレート・バリア・リーフ（Great Barrier Reef）

グレート・バリア・リーフは、クィーンズランド州の東岸、北はパプア・ニューギニア近くのトレス海峡からブリスベンのすぐ北までの全長2012km、面積35万km²（日本とほぼ同じ大きさ）、グリーン島、ヘロン島、ハミルトン島など600の島がある世界最大の珊瑚礁地帯で、多様な海洋生物の生態系を誇る。1770年に英国の探検家ジェームズ・クック（1728～1779年）が発見した。色鮮やかなグレート・バリア・リーフ（大堡礁）は、200万年前から成長を始めたと言われ、テーブル珊瑚など約400種類の珊瑚類が注目される。他にカスリハタをはじめとする魚類1500種、クロアジサシなどの鳥類240種、軟体動物4000種などが生息している。絶滅の危機に瀕しているジュゴンやアカウミガメ、ザトウクジラの生息地でもある。地球の温暖化によるサンゴの白化現象（ブリーチ）、観光開発、資源探査、オニヒトデの大繁殖などをめぐり環境の保全が課題になっている。なかでも、世界遺産登録範囲内のカーチス島（グラッドストーン）での液化天然ガス（LNG）プロジェクトによって、世界遺産の価値が損なわれることが懸念されている。

自然遺産（登録基準(vii)(viii)(ix)(x)）　1981年

◎カカドゥ国立公園（Kakadu National Park）

カカドゥ国立公園は、オーストラリアの北部、ダーウィンの東220kmにあり、3つの大河が流れる総面積約198万haの熱帯性気候の広大な自然公園。北はマングローブが生い茂るバン・ディメン湾から南はキャサリン峡谷付近にまで及ぶ。サウスアリゲーター川の中央の流れに沿った低地の湿地帯にはツル、カササギガン、シギなどの水鳥が繁殖し、中下流にはイリエワニが、丘陵地帯にはエリマキトカゲが生息している。植物は約1500種、鳥類は約280種、ソルトウォーター・クロコダイルなどの爬虫類は約120種、その他、哺乳類は約50種、約30種の両生類、70種余の淡水魚、約1万種の昆虫が確認されている。この地域は、5万～2万5000年近く前から先住民族アボリジニが住んでいたところで、内陸部の岩場には、彼等の残したロックアート（岩壁画）が残っており、今日も聖地と見なされ、遺産管理への参加がすすめられている。カカドゥから出土した石製の斧は世界最古の石器であるといわれている。カカドゥ国立公園は、大別すると北部と南部に分けることができる。北部は、広大な湿地帯が広がり、緑が多く熱帯的な風景が印象的。南部は、砂岩質の断層崖、渓谷が特徴的。カカドゥ国立公園東部のジャビルカ地区でのウラン鉱山開発などによる環境への影響を懸念する声が世界的に高まっている。

複合遺産（登録基準(i)(vi)(vii)(ix)(x)）
1981年／1987年／1992年

◎ウィランドラ湖群地域（Willandra Lakes Region）

ウィランドラ湖群地域は、シドニーの南西約616km、ニューサウスウェールズ州の南西部の奥地に広がるマンゴ国立公園を含む総面積が24万haにも及ぶ世界で最も重要な考古学地域の一つで、6つの大湖と無数の小湖か

世界遺産リストに登録されている自然遺産

らなる。マレー川の源流にあたるウィランドラ湖群地域は、約1.5万年前に大陸の急激な温暖化によって干上がり乾燥湖となった砂漠地帯である。ここで、人類の祖先であるホモ・サピエンスの骨をはじめ、オーストラリアの先住民アボリジニが生活していた証しと思われる約4万年前の石器、石臼、貝塚、墓などの人類の遺跡が数多く発掘された。なかでも、人類最古といわれる火葬場が発見されたことで、世界的に一躍有名になった。ウィランドラ湖群地域は、オーストラリア大陸での人類進化の研究を行っていく上でのランドマークであると言っても過言ではない。それにきわめて保存状態が良い巨大な有袋動物の化石が数多くここで発見されている。また、この地方の湖沼群や砂丘の地形や洪積時代の堆積地層は、地球の環境変化を示す貴重な考古学資料になっている。世界遺産に指定された地域の大部分は、現在、牧羊地として使用されているが、3万haはマンゴ国立公園として観光客を受け入れている。ビジターセンターやキャンプ場、ハイキングルートが整備されており、珍しいレッドカンガルーやウェスタン・グレーカンガルーなどを観察することもできる。

複合遺産（登録基準(ⅲ)(ⅷ)）　　1981年

○ロードハウ諸島　(Lord Howe Island Group)

ロードハウ諸島は、シドニーの北東770kmの海上にあり、総面積は146300ha、ロードハウ島、アドミラルティー島、マトンバード島、ボールズ・ピラミッドや多くの珊瑚礁など28の島々からなる。650万年前から約50万年間にわたって、海底火山の噴火によって隆起した世界的にも珍しい群島で、風雨や波の浸食作用によってロードハウ諸島が残った。標高875mのゴワー火山と標高777mのリッジバード山が海岸沿いに聳え、島北部の丘陵地帯と中央部の平地とともに見事な景観を形成している。島内は熱帯雨林とヤシの林が大部分を占めており、241種の植物が生育している。このうち105種はこの島固有のものである。また周辺には海鳥が多く生息しており、168種の鳥が確認されている。絶滅に瀕している種に認定されるオナガミズナギドリ、ロードハウクイナなどの鳥も多い。また、この周辺海域は、珊瑚礁が確認されている最南端にあたり、珊瑚から藻へと海の植物が変化する境界線としても興味深い。地上の楽園として観光客にも人気の高い島であるが、人口300人程度のこの島では、島全体でエコ・システムとの一体化につとめいる。現地では、観光と環境保護を両立させるために、宿泊施設のベッド数を400床に制限したり、車両の規制などを行っている。

自然遺産（登録基準(ⅶ)(ⅹ)）　　1982年

◎タスマニア原生地域　(Tasmanian Wilderness)

タスマニア島は、オーストラリア東南部にあるオーストラリア最大の島で、バス海峡によってオーストラリア大陸から分断されている。北海道より一回りほど小さな島。島の西南部にあるタスマニア原生地域は、オーストラリア最大の自然保護区の一つで、タスマニア州の面積の約20%を占める約138万haの森林地帯。ユーカリ、イトスギ、ノソフェガス（偽ブナまたは南極ブナ）などの樹林からなり、タスマニアデビル、ヒューオンパインなど固有の動植物も見られる。クレードル・マウンティンをはじめ、氷河の作用によってできたU字谷、フランクリン・ゴードン渓流、ペッダー湖、セント・クレア湖などの多くの湖、アカシアが茂る沼地、オース

トラリア屈指の鍾乳洞地帯など特異な自然景観を誇る。一方、フレーザー洞窟で発見された2.1万年前の氷河時代の人類遺跡、それにジャッド洞窟やパラウィン洞窟でのアボリジニの岩壁画などの考古学遺跡も特徴。

複合遺産（登録基準(ⅲ)(ⅳ)(ⅵ)(ⅶ)(ⅷ)(ⅸ)(ⅹ)）
1982年／1989年／2010年

○オーストラリアのゴンドワナ雨林群
(Gondwana Rainforests of Australia)

オーストラリアのゴンドワナ雨林群は、ニューサウスウェールズ州とクィーンズランド州に点在するラミントン国立公園、スプリングブルック国立公園、バリントン・トップ国立公園などの国立公園からなる。オーストラリアのゴンドワナ雨林群では、樹海、洞窟、滝など変化に富んだ自然景観に加え、希少種を含む野鳥の観察もできる。森林は4つの型に分類され、亜熱帯地域に広がるナンヨウスギ、冷温帯森林地帯にのみ見られるナンキョクブナなどのほか、絶滅の危機にあるクサビオヒメインコやフクロギツネが生息している。世界遺産登録にあたっては、1986年に、ニューサウスウェールズ州にある16の国立公園や地域が登録され、1994年に、同州の5地域とクィーンズランド州の20の国立公園や地域が追加登録され、登録面積のコア・ゾーンは、370000haに及ぶ。また、オーストラリアのゴンドワナ雨林群は、クィーンズランド州、パプアニューギニア、インドネシアの熱帯雨林とのつながりも重視されている。2007年の第31回世界遺産委員会クライストチャーチ会議で、「オーストラリアの中東部雨林保護区」から現在の名称に変更になった。

自然遺産（登録基準(ⅷ)(ⅸ)(ⅹ)）　　1986年／1994年

◎ウルルーカタ・ジュタ国立公園
(Uluru-Kata Tjuta National Park)

ウルルーカタ・ジュタ国立公園は、オーストラリアのほぼ中央の北部準州にあり、総面積は132566haで、地質学上も特に貴重とされている。この一帯の赤く乾いた神秘的な台地に突如、「地球のヘソ」といわれる世界最大級の一枚砂岩のエアーズ・ロック（アボリジニ語でウルル）と、高さ500m、総面積3500haのエアーズ・ロックより大きい36個の砂岩の岩塊群であるマウント・オルガ（カタ・ジュタ）が現れる。エアーズ・ロックは、15万年前にこの地にやってきた先住民アボリジニが宗教的・文化的に重要な意味を持つ聖なる山として崇拝している。また周辺の岩場には、古代アボリジニが描いた多くの壁画も残されている。園内には、22種類の哺乳類や150種の鳥、世界で2番目に大きいトカゲなど多くの爬虫類が生息している。ウルル・カタジュタ国立公園は、カカドゥ国立公園と共に先住民参加の管理がすすめられている。エアーズ・ロックは、気象条件が良い時には、岩登りができ、頂上から眺める景色は観光客に人気があるが、この地への登山については、先住民アボリジニの聖地であることから、先住民らで構成される運営委員会で協議を重ねた結果、ウルルがアボリジニの手に戻ってから34年目となる記念日である2019年10月26日からは登山禁止になる。

複合遺産（登録基準(ⅴ)(ⅵ)(ⅶ)(ⅷ)）
1987年／1994年

○クィーンズランドの湿潤熱帯地域
(Wet Tropics of Queensland)

クィーンズランドの湿潤熱帯地域は、クィーンズランド州の北部、クックタウンの南からタウンズビルの北の地域で、グレートバリアリーフ地域に隣接している。クィーンズランドの湿潤熱帯地域は、東北オーストラリア湿潤熱帯地域の90％を占め、指定地9200km²のうち約80が熱帯多雨林地域。デインツリー国立公園、デインツリー渓谷、バロン渓谷、バロン滝など。1億3000万年前の原始の植物など地球の歴史上最も古い太古ゴンドワナ時代の特徴的な痕跡が現存しているため、「世界で最も古い所」とも呼ばれる。

自然遺産（登録基準（ⅶ）（ⅷ）（ⅸ）（ⅹ））　1988年

○西オーストラリアのシャーク湾
（Shark Bay, Western Australia）

シャーク湾は、ウエスタン・オーストラリア州の最西端2000km²に広がる湾で、インド洋に突き出たいくつもの半島や島々に囲まれている。この地域は、オーストラリア南部と北部の属性植物が混在する境界地点で、345種類の植物が北限、39種類が南限となる。また、この地域特有の新種の植物も28種類確認されている。半島に囲まれ海とは隔たった地理的環境から、生息する動物も他では見られない独特の進化を遂げており、動物学的にも貴重な地域となっている。シャーク湾の水質が、地形の関係から南部に行くほど塩分濃度が濃くなっている影響で、地球誕生前に酸素を生み出したとされる地球上で最古の生き物で、らん藻のストロマトライトが造り出す岩が今でも成長を続ける貴重な海洋生態系が見られる。また、この地域の海には、ジュゴン、ザトウクジラ、ミドリウミガメ、イルカなどの生息地でもあり、ダークハットッグ島やペロン半島の海岸ではウミガメの産卵を見ることができる。また、モンキー・マイアでは、野生のバンドウイルカと触れ合うことができる。近年、シャチの観察（ホウェール・ウォッチング）も観光化されてきている。

自然遺産（登録基準（ⅶ）（ⅷ）（ⅸ）（ⅹ））　1991年

○フレーザー島　（Fraser Island）

フレーザー島は、クィーンズランド州の南東岸沖、ブリスベンの北190kmの海岸沿いに発達した世界最大の砂の島。全長123km、最大幅25km、総面積1840km²で、山脈地帯の風化した砂が堆積して出来たといわれる。砂でできた島では、通常の場合森や湖などの自然環境が形成されないが、フレーザー島では、風や鳥が大陸から直物の種子や胞子を運び、それらが堆積して腐葉土を作り熱帯雨林を形成している。フレーザー島内には、広々とした砂浜、世界で唯一の標高200mの砂丘の上に群生した熱帯雨林、また、砂丘によって川がせき止められてできた淡水の砂丘湖が40もある。島内には、野生の犬ディンゴ、有袋動物オポッサム、ワラビー、200種類以上の鳥類が生息している。グレート・サンディー島ともいう。

自然遺産（登録基準（ⅶ）（ⅷ）（ⅸ））　1992年

○オーストラリアの哺乳類の化石遺跡
（リバースリーとナラコーテ）
（Australian Fossil Mammal Sites (Riversleigh/Naracoorte)）

オーストラリアの哺乳類の化石遺跡は、オーストラリア大陸特有の哺乳類の進化に関する重要な化石が多く発掘されているリバースリーとナラコーテの2つの地域からなる。ローン・ヒル国立公園内のリバースリーは、

クィーンズランド州北西部、グレゴリー川の分岐点にある。リバースリーでは、2500万〜500万年前の化石が出土している。また、ナラコーテ洞窟国立公園内のナラコーテは、南オーストラリア州アデレードの約320km南東、ヴィクトリア州との境にある。ナラコーテの洞窟では、ライオンに似た古生物のチラコレオ・カルニフェクスの骨がほぼ完全な形で発掘され、古生物の生態が明らかになった。20万〜2万年前の現生哺乳類の祖先の化石が出土している。

自然遺産（登録基準（ⅷ）（ⅸ））　1994年

○ハード島とマクドナルド諸島
（Heard and McDonald Islands）

ハード島とマクドナルド諸島は、南極大陸の北1500km、アフリカの南東4700km、オーストラリアのパースの南西4100kmにある島々で、1853年にアメリカの商船隊長ハードに発見されるまでは知られざる島であった。ハード島とマクドナルド諸島は、亜南極地域にある唯一の活火山島で、ハード島のモーソン山（2745m）をはじめとして、生物や地形の進化過程や氷河の動きが目の当たりに観察できる。また、原始の生態系が保存され、人間や外来種からの影響は皆無。強風、豪雨、豪雪、雲、霧などの気象が醸し出す景観は、世界一荒涼とした島と言っても過言ではない。オーストラリア政府は、これらの島々を守るために科学調査などの目的での訪問も人数制限している。また、島から12海里の領海やこれらの島々における漁業や鉱物資源の採掘など一切の産業開発を禁止している。

自然遺産（登録基準（ⅷ）（ⅸ））　1997年

○マックォーリー島　（Macquarie Island）

マックォーリー島は、オーストラリア大陸と南極大陸の中間点、タスマニア島の南東1500km、南極大陸の北1300kmにある長さ34km、幅5kmの火山島。1810年にオーストラリア人のフレデリック・ハッセルボロウによって発見された。マックォーリー島は、マックォーリー海嶺の頂上部で、インド・プレートとパシフィック・プレートの境界線にある。地殻マントル（海底下6km）から突き出た岩帯が海面上に現れた地球上で唯一の場所で、枕状溶岩や海岸線の砂丘など構造地質学の宝庫で、世界中の地質学者の関心が高い。マックォーリー島は、海岸線にも砂が隆起して丘ができるなどユニークな景観が見られる。海岸の岩場には、10万頭以上のゾウアザラシや何百万ものペンギン、またセイウチなどが生息する野生動物の楽園。キングペンギンとロイヤルペンギンは、冬と春に大きな営巣コロニーをつくる。

自然遺産（登録基準（ⅶ）（ⅷ））　1997年

○グレーター・ブルー・マウンテンズ地域
（Greater Blue Mountains Area）

グレーター・ブルー・マウンテンズ地域は、オーストラリアの南東部、シドニーの西60kmにある面積103万haの広大な森林地帯。ブルー・マウンテン国立公園とその周辺は、海抜100mから1300mに至る深く刻まれた砂岩の台地で、高さが300mもある絶壁、オーストラリアのグランド・キャニオンとも呼ばれる雄大な自然景観を誇るジャミソン渓谷、ウェントワスやカトゥーバの滝、湿原、湿地、草地などが織りなす多様な風景が印象的である。なかでも、奇岩のスリー・シスターズは有名で、その昔、悪魔に魅入られた三人姉妹が、魔法に

○ 自然遺産　◎ 複合遺産　★ 危機遺産

よって石に姿を変えたという伝説がある。グレーター・ブルー・マウンテンズ地域は、8つの自然保護区で構成され、絶滅危惧種や稀少種を含む動物や植物など多様な生物圏が見られる。ブルー・マウンテンズの名前の由来は、山容を覆うユーカリが青みがかって見えることからともいわれ、オーストラリアで最も重要なユーカリの自生地でもある。世界のユーカリの13%がここに生息し、その種は、マリーなど90種に及ぶともいわれている。これらのうち12種は、シドニー砂岩地域にのみ自生している。グレーター・ブルー・マウンテンズ地域へは、シドニーから、車、または、列車で約90分。トロッコ列車、スカイ・ケーブル、そして、自然を満喫しながら歩くブッシュ・ウォーキングを楽しむこともできる。

自然遺産（登録基準(ix)(x)）　2000年

○**パヌルル国立公園**（Purnululu National Park）

パヌルル国立公園は、西オーストラリア州北東部キンバリー地方、北部準州との州境にある広さ300000haの1987年に指定された国立公園。パヌルルとは、アボリジニの言葉で、砂岩という意味。約3億5千年前から山から流れる川の下流に砂が堆積し、その砂岩層が年月とともに地殻の動きに合わせて侵食され成長してできた縞模様の岩山が45000haにわたって広がっている。その中心となるのは、バングル・バングルと呼ばれる秘境で、その存在はアボリジニを除いては1982年まで知られていなかった。また、ビーハイブ（蜂の巣）と呼ばれる黒とオレンジの縞模様が交互に見られる丸みを帯びた奇岩は圧巻。小型飛行機による遊覧飛行で、空から奇岩群を一望できる。キンバリー地方は、その広大な土地の人口は、約25000人ほどで、一帯にはアボリジニの村も点在している。地域の町ブルームは、かつて真珠の養殖が盛んであった。

自然遺産（登録基準(vii)(viii)）　2003年

○**ニンガルー・コースト**（Ningaloo Coast）

ニンガルー・コーストは、オーストラリアの西部、西オーストラリア州にある、東インド洋の海域（71%）とオーストラリア大陸の陸域（29%）の構成資産からなる海岸である。ニンガルー・コーストの海岸の近くには、長さが250kmもある世界で最長級の珊瑚礁、ニンガルー・リーフがある。ニンガルー・コーストの陸域は、広範なカルスト地形と網の目状に張り巡らされた地下の洞窟群と水路群が特徴である。海域は、イルカ、マンタ、ウミガメ、ジュゴン、ザトウクジラなど数多くの海洋種が生息し、珊瑚の産卵が終わりオキアミなど小さな生物が集まる毎年4月〜6月には、現生最大の魚として知られているジンベエザメの幼魚も見られる。ニンガルー・コーストの自然景観は美しく、その自然環境は、多様な絶滅危惧種を含む海洋と陸地の類いない生物多様性を育んでいる。ニンガルー・コーストの一帯は、1987年に、ニンガルー海洋公園に指定されている。

自然遺産（登録基準(vii)(x)）　2011年

キリバス共和国（1物件　○1）

○**フェニックス諸島保護区**
（Phoenix Islands Protected Area）

フェニックス諸島保護区は、南太平洋のギルバート諸島とライン諸島の間にあり、フェニックス諸島の8つの全ての島々（ラワキ島、エンダーベリー島、ニクマロロ環礁、マッキーン島、マンラ島、バーニー島、カントン島、オロナ環礁）、それに、キャロンデレット珊瑚礁、ウィンスロー珊瑚礁の2つの珊瑚礁からなる。キリバスで最初の世界遺産である。キリバスは、2008年1月に、フェニックス諸島保護区（PIPA）を指定、面積は約40.8万km²の、世界最大級の海洋保護区である。フェニックス諸島は、カントン島以外は無人島で、生態系が手つかずのままに残っている。約200種のサンゴ、500種の魚類、18種の海生哺乳類、44種の鳥類が確認されている。キリバスは、この海域で、大規模な漁業が行われれば生物多様性が損なわれる為、商業的漁業を禁止している。

自然遺産（登録基準(vii)(ix)）　2010年

ソロモン諸島（1物件　○1）

○**イースト・レンネル**（East Rennell）

イースト・レンネルは、ソロモン諸島の最南端にある熱帯雨林に覆われたレンネル島の東部地域にある国立野生生物公園。レンネル島は隆起した環状珊瑚礁で、その大半が人の手が加えられておらず、ニュージーランドとオーストラリアを除く南太平洋地域では、最大級の湖であるテガノ湖（面積は島の18%を占める15.5km²で、淡水と海水が混ざった汽水湖）を擁している。レンネル・オオコウモリ、ウミヘビ、ヤモリ、トカゲ、マイマイなどの動物相は、大半がこの島固有のもので、ランやタコノキなどの植物相も生物地理学的に非常に特異である。世界遺産地域のイースト・レンネルは、年平均4000mmの降雨量の影響で、ほとんど濃霧に覆われている熱帯地域で、顕著な地質学的、生物学的、景観的価値を有している。なかでも、世界最大の隆起環状珊瑚礁、南太平洋地域で最大級の湖（かつては礁湖であり、現在はウミヘビが生息している）、この土地固有の多くの鳥類、ポリネシア人が住む最西部の島であることなどが特色である。森林の伐採が生態系に悪影響を与えている為、「危機遺産リスト」に登録された。

自然遺産（登録基準(ix)）　1998年
★【危機遺産】　2013年

ニュージーランド（2物件　○2）

○**テ・ワヒポウナム-南西ニュージーランド**
（Te Wahipounamu-South West New Zealand）

ニュージーランド南島の南西部にあるテ・ワヒポウナムは、マウント・クック、フィヨルドランド、マウント・アイスパイアリング、ウエストランドの4つの国立公園を擁する面積約28000km²の自然公園。テ・ワヒポウナムとは、「翡翠の土地」を表わす現地語。氷河活動で出来た切り立った山々、荒々しい海岸線、砂丘などが広がる。世界で最も多雨の地域で、圧倒的な雨量は、希少な冷温帯雨林を育む。植物は多様性に富み、動物もモア（19世紀に絶滅）、キウイ、イワトビペンギン、カオジロサギ、ニュージーランド・オットセイなど固有種が多い。マウント・クック国立公園は、ニュージーランド最高峰のクック山（3754m）を擁し、タスマン氷河をはじめ

世界遺産リストに登録されている自然遺産

とする多くの氷河を頂き、美しい山岳風景を作り出している。フィヨルドランド国立公園は、その名の通り、海岸線にはフィヨルドが続き、険しい山陵や氷河湖が多く見られる。代表的なミルフォード・サウンドは、空、海、陸からのアプローチが可能な屈指の景勝地。このエリアのミルフォード・トラックは、自然保護のため、1日の入山者数が制限されており、個人でも入山には予約が必要。マウント・アイスパイアリング国立公園は、アイスパイアリング山(3027m)を中心に、アイスパイアリング連邦が続く国内有数の山岳景勝地。裾野にはブナの原生林や草原が広がる。ロブロイ氷河などハイカーたちの人気も高い。ウエストランド国立公園は、世界でも珍しい海抜標高の低い"双子の氷河"フランツ・ジョセフ氷河とフォックス氷河で知られる。氷河の流れも速く、1日で5〜6m動くところもある。

自然遺産（登録基準(vii)(viii)(ix)(x)） 1990年

◯トンガリロ国立公園 (Tongariro National Park)

トンガリロ国立公園は、ニュージーランドの北島の中央部に広がる最高峰のルアペフ山(2797m)をはじめナウルホエ山(2291m)、トンガリロ山(1967m)の3活火山や死火山を含む広大な795km²の公園。トンガリロ国立公園は、更新世の氷河、火山のマグマ活動による火口湖、火山列などが形成過程にある地形が併存し、また、広大な草原や広葉樹の森林には多様な植物、珍しい鳥類が生息し、地質学的にも生態学的にも関心がもたれている。雄大なルアペフ山は、近年にも大きな噴火を起こしている。ナウルホエ山は、富士山に似た陵線を持つ美しい山。トンガリロ山は、エメラルドに輝く火口湖が素晴らしい景観を作り出している。これらの山々を縦走するトラックは、「トンガリロ・クロッシング」の名で知られ、人気の高いコースである。また、この地は、9〜10世紀にポリネシア系のマオリ族によって発見された。カヌーで南太平洋を渡った先住民族マオリ族が、宗教的にもこの高原一帯を聖地として崇め、また、伝統、言語、習慣などのマオリ文化を脈々と守り続けてきた。マオリ族の首長ツキノが中心となり、この地域の保護を求めたことがきっかけとなり、1894年にニュージーランド初の国立公園に指定された。自然と文化との結びつきを代表する複合遺産になった先駆的物件である。

複合遺産（登録基準(vi)(vii)(viii)）
1990年／1993年

◯ニュージーランドの亜南極諸島
(New Zealand Sub-Antarctic Islands)

ニュージランドの亜南極諸島は、ニュージランドの南東、南太平洋にあるスネアズ諸島、バウンティ諸島、アンティポデス諸島、オークランド諸島とキャンベル島の5つの諸島からなる。ニュージランド本島と南極との間にある亜南極諸島と海には、ペンギン、アホウドリ、みずなぎどり、海燕などの鳥類、鯨、イルカ、あざらしなどの哺乳動物、花の咲くハーブ草などこの地域特有の植物が生息している。スネアズ島には600万羽の鳥が営巣する。南緯40度のこのあたりは「ほえる40度」と呼ばれ、南極からの寒流、太平洋からの暖流がぶつかりあう所。度々暴風雨に見舞われる厳しい自然環境だが、豊富な餌もあり生態系を維持してきた。手付かずの自然を保護するために訪問者の数を制限しているため、限られたツアーでしか行くことができない。

自然遺産（登録基準(ix)(x)） 1998年

パラオ共和国 (1物件 ◎1)

◎ロックアイランドの南部の干潟
(Rock Islands Southern Lagoon)

ロックアイランドの南部の干潟は、パラオの南西部、コロール州にある約10万haの海に点在する445の無人島から形成される。ロックアイランドは、コロール島とペリリュー島の間にあるウルクターブル島、ウーロン島、マカラカル島、ガルメアウス島など南北およそ640kmに展開する島々の総称。主に、火山島と隆起珊瑚礁による石灰岩島で、その多くは無人島である。環礁に囲まれたトルコ色のラグーンの浅い海に、長年の侵食によりマッシュルーム型の奇観を創出した島々が広がり、385種類以上の珊瑚や、多種多様な植物、鳥、ジュゴンや13種以上の鮫などの海洋生物も生息し、有名なダイビングスポットにもなっている。さらに、海から隔離された海水湖も集中しており、ジェリー・フィッシュ湖では、毒性の低いタコ・クラゲが無数に生息しているほか、固有の種が多く生息し、新種の生物の発見にもつながっている。また、年代測定では、3100年くらい前から人間が生活していたことがわかる洞窟群、赤色の洞窟壁画、17〜18世紀に放棄された廃村群など、文化遺産としての価値も高い。

複合遺産（登録基準(iii)(v)(vii)(ix)(x)） 2012年

〈ヨーロッパ地域〉
27か国 (78物件 ◯67 ◎11)

アイスランド共和国 (2物件 ◯2)

◯スルツェイ島 (Surtsey)

スルツェイ島は、アイスランドのレイキャネース半島の南岸から約32km、ウエストマン諸島の最南端にある火山島である。スルツェイ島は、1963年から1967年まで起こった海底火山の噴火で形成された新島で無人島である。スルツェイ島は、1963年11月の誕生以来、手付かずの自然の実験室を提供しており、歴史上、最も詳細に監視し記録された新島の成長や形成などの進化の様子、それにスルツェイ島への動植物の定着のメカニズムを明らかにするものである。スルツェイ島は、人間の干渉から解放され、植物や動物の生命が新天地に漂着する過程について、長期間における独自の情報を生み出した。1964年に科学者達がスルツェイ島を研究し始めて以来、海流によって運ばれる種子が漂着する過程を観察した。維管束植物による糸状菌、細菌、真菌の出現は、1965年からの最初の10年間は、10種類であったが、2004年までには、75種の蘚苔類、71種の子嚢菌類、それに24種の菌類が確認されている。また、これまでに、89種の鳥類がスルツェイ島で確認されており、それらのうち57種がアイスランドの何処かで営巣し繁殖している。スルツェイ島は、また、335種類の無脊椎動物の故郷でもある。スルツェイ島は、高緯度帯に突如出現した火山島に、いかに外来

◯ 自然遺産　◎ 複合遺産　★ 危機遺産

世界遺産リストに登録されている自然遺産

の動植物が定着するかその生態系を解明する上でも、まさに世界的な実験室なのである。世界遺産の登録基準では、(ix)の「陸上、淡水、沿岸および海洋生態系と動植物群集の進化と発達において進行しつつある重要な生態学的、生物学的プロセスを示す顕著な見本である」ことが評価された。スツェイ島への入島は厳しく制限されており、科学的な調査や研究を目的にした科学者のみの上陸が許されている。

自然遺産（登録基準(ix)）　2008年

○**ヴァトナヨークトル国立公園ー炎と氷のダイナミックな自然**
（Vatnajokull National Park - dynamic nature of fire and ice）
ヴァトナヨークトル国立公園ー炎と氷のダイナミックな自然は、アイスランドの南東部にある。アイスランドの国土の8%を占め、氷帽からは約30の氷河が流れ出している。ヨーロッパ最大の氷帽氷河であるヴァトナヨークトル氷河は、氷の下にある火山の活動によって「氷河爆発」と呼ばれる大規模な洪水を引き起こす。登録面積が1482000ha、構成資産は、ヴァトナヨークトル国立公園と2つの接続保護地域からなり、中心部には、780,000 haのヴァトナヨークトル氷帽がある。ヴァトナヨークトル氷河（ヴァトナヨークトルは「湖の氷河」の意）は、アイスランドで最大の氷河で、島の南東に位置し、国土の8%を覆っている。8,100 km²の広さがあり、体積ではヨーロッパ最大、面積では、スヴァールバル諸島北東島のアウストフォンナに次いで2番目に大きい氷河である。平均の厚さは400mで、最大の厚さは1000mに及ぶ。ヴァトナヨークトル氷河の南の端にあるスカフタフェットル国立公園付近には、アイスランドの最高峰エーライヴァヨークトル（2,110 m）がある。この氷河の下には、アイスランドの多くの氷河の下と同様に10の火山群がある。例えば、グリムスヴォトン（アイスランド語で「怒れる湖」の意）のような火山湖は、1996年の大氷河洪水の原因となった。これら湖の下の火山は、2004年11月にも短期間ではあるが相当な規模の噴火を引き起こした。この氷河はここ数年間で徐々に縮小しているが、おそらく、気候変動と最近の火山活動が原因と考えられる。2011年5月21日にグリムスヴォトンが再び噴火、ヨーロッパ、スカンディナヴィア近辺の航空便等への影響が懸念された。

自然遺産（登録基準(viii)）　2019年

アルバニア共和国 （1物件 ○1）

○**カルパチア山脈とヨーロッパの他の地域の原生ブナ林群**
（Primeval Beech Forests of the Carpathians and Other Regions of Europe）
自然遺産（登録基準(ix)）　2007年／2011年／2017年
（ウクライナ／スロヴァキア／ドイツ／アルバニア／オーストリア／ベルギー／ブルガリア／クロアチア／イタリア／ルーマニア／スロヴェニア／スペイン）
→ウクライナ

◎**オフリッド地域の自然・文化遺産**　*New*
（Natural and Cultural Heritage of the Ohrid region）
複合遺産（登録基準(i)(iii)(iv)(vii)）
1979年／1980年／2009年／2019年
アルバニア／北マケドニア

イタリア共和国 （5物件 ○5）

○**エオリエ諸島（エオーリアン諸島）**
（Isole Eolie（Aeolian Islands））
エオリエ諸島（エオーリアン諸島）は、ティレニア海の南東部のシチリアにある面積1216haの火山列島で、リーパリ島、サリーナ島、ヴルカーノ島、ストロンボリ島、パナレーア島、フィリクーディ島、アリクーディ島の7つの主な島といくつもの小島や岩礁からなる。エオリエ諸島は、ギリシャ神話で「風の神」の語源を持つ。エオリエ諸島は、ごく狭い範囲に、962mのサリーナ山をはじめとする6座の火山が集中していることが特徴で、その内2つは現在も活動中。地中海性の灌木が茂り、切立った断崖などの自然景観と共に先史時代の遺跡やかつての耕作地などが残されている。エオリエ諸島は、火山学研究の宝庫で、ヴルカーノ式とストロンボリ式の噴火形態を明らかにするなど学術的価値も高く地球科学者の間でも関心が強い。エオリエ諸島（エオーリアン諸島）は、他にリーパリ諸島という呼び方もある。

自然遺産（登録基準(viii)）　2000年

○**ドロミーティ山群**（The Dolomites）
ドロミーティ山群は、イタリアの北東部、東アルプスに属する山群。北はリエンツァ川、西はイザルコ川とアディジェ川、南はブレンタ川、東はピアーヴェ川に囲まれた範囲に展開する。ドロミーティ山群の登録面積が約141,903ha、バッファー・ゾーンが89,267ha、ペルモ・クロダ・ダ・ラーゴ、マルモラーダ、パーレ・ディ・サンマルティーノ サン・ルカーノ、ドロミーティ・ベッルネーシ−ヴェッテ・フェルトリーネ、ドロミーティ・フリウラーネ ドォルトレ・プラヴェ、ドロミーティ・セッテントリオナリ カドリン、セット・サッス、プエツ・オードレ／プエツ・ゲイスラー／ポス・オードレ、シリアル−カティナッチョ、リオ・デレ・フォーリエ、ドロミーティ・ディ・ブレンタの9つの構成資産からなり、高山の山岳景観と類いない自然美は、世界有数である。ドロミーティ山群は、また、国際的にも重要な地球科学の価値を有する。切り立った崖、深い渓谷など変化に富んだ石灰岩の地形は、世界的にも素晴らしいものであり、地質学的にも、地球上の生命史上、記録された絶滅後の三畳紀（2億～2億6500万年前）の海洋生物の化石を目の当たりにすることが出来る。ドロミーティ山群の気高い記念碑的で彩り豊かな景観は、旅行者の目を惹きつけ、科学的、芸術的な価値を有するものである。包括的な管理の枠組み、管理計画と観光戦略の確立が求められている。ドロミーティは、日本語では、ドロミテ、ドロミティ、ドロミチなどとも表記される。

自然遺産（登録基準(vii)(viii)）　2009年

○**モン・サン・ジョルジオ**（Monte San Giorgio）
自然遺産（登録基準(viii)）　2003年／2010年
（スイス／イタリア）　→スイス

○**エトナ山**（Mount Etna）
エトナ山は、イタリア南部のシチリア州、シチリア島

○ 自然遺産　◎ 複合遺産　★ 危機遺産

世界遺産リストに登録されている自然遺産

東部にある活火山。旧名はモンジベッロで、アフリカ・プレートとユーラシア・プレートの衝突によって形成された。ヨーロッパ最大の活火山であり、現在の標高は3326mであるが、山頂での噴火により標高は変化しており、1865年の標高はこれより21.6m高かった。山麓部の直径は140kmに及び、その面積は約1,190km²である。イタリアにある3つの活火山の中では飛び抜けて高く、2番目に高いヴェスヴィオ山(1281m)の3倍近くもある。エトナ火山は、世界で最も活動的な火山の一つであり、殆ど常に噴火している。時には大きな噴火を起こすこともあるが、特別に危険な火山とは見なされておらず、数千人が斜面と山麓に住んでいる。肥沃な火山土壌は農業に適し、葡萄園や果樹園が広がる。エトナ火山の活動は、約50万年前から始まり、活動開始時点では、海底火山であったと考えられている。約30万年前は、現在の山頂より南西の地区において火山活動が活発であったが、17万年前頃より現在の位置に移動した。この時期の活動はストロンボリ式噴火が多いが、何度か大噴火を起こして、カルデラを形成した。神話では、巨大な怪物テュポンが封印された場所だとされ、テュポンが暴れると噴火するとされる。ノアの大洪水を引き起こしたという伝説も残っている。
自然遺産（登録基準(viii)）　2013年

■カルパチア山脈とヨーロッパの他の地域の原生ブナ林群
（Primeval Beech Forests of the Carpathians and Other Regions of Europe）
自然遺産（登録基準(ix)）　2007年／2011年／2017年
（ウクライナ／スロヴァキア／ドイツ／アルバニア／オーストリア／ベルギー／ブルガリア／クロアチア／イタリア／ルーマニア／スロヴェニア／スペイン）
→ウクライナ

■ウクライナ（1物件　○1）

○カルパチア山脈とヨーロッパの他の地域の原生ブナ林群
（Primeval Beech Forests of the Carpathians and Other Regions of Europe）
カルパチア山脈とヨーロッパの他の地域の原生ブナ林群は、当初2007年の「カルパチア山脈の原生ブナ林群」、2011年の「カルパチア山脈の原生ブナ林群とドイツの古代ブナ林群」、そして、2017年の現在名へと登録範囲を拡大し登録遺産名も変更してきた。「カルパチア山脈の原生ブナ林群」は、ヨーロッパの東部、スロヴァキアとウクライナの両国にわたり展開する。カルパチア山脈の原生ブナ林群は、世界最大のヨーロッパブナの原生地で、スロヴァキア側は、ポロヴスキー・ヴルヒ・ヴィホルラト山脈、ウクライナ側は、ラヒフ山脈とチョノヒルスキー山地の東西185kmにわたって、10の原生ブナ林群が展開している。東カルパチア国立公園、ボルジニ国立公園、それにカルパチア生物圏保護区に指定され保護されている。ブナ一種の優占林のみならず、モミ、裸子植物やカシなど別の樹種との混交林も見られるため、植物多様性の観点からも重要な存在である。ウクライナ側だけでも100種類以上の植物群落が確認され、ウクライナ版レッドリスト記載の動物114種も生息している。しかし、森林火災、放牧、密猟、観光圧力などの脅威にもさらされている。2011年の第35回

世界遺産委員会パリ会議で、登録範囲を拡大、進行しつつある氷河期以降の地球上の生態系の生物学的、生態学的な進化の代表的な事例であるドイツ北東部と中部に分布する5つの古代ブナ林群（ヤスムント、ザラーン、グルムジン、ハイニッヒ、ケラヴァルト）も登録範囲に含め、登録遺産名も「カルパチア山脈の原生ブナ林群とドイツの古代ブナ林群」に変更した。2017年、更に登録範囲を拡大、登録遺産名もヨーロッパの12か国にまたがる「カルパチア山脈とヨーロッパの他の地域の原生ブナ林群」に変更した。
自然遺産（登録基準(ix)）
2007年／2011年／2017年
ウクライナ／スロヴァキア／ドイツ／アルバニア／オーストリア／ベルギー／ブルガリア／クロアチア／イタリア／ルーマニア／スロヴェニア／スペイン

■英国（グレートブリテンおよび北部アイルランド連合王国）
（5物件　○4　◎1）

○ジャイアンツ・コーズウェイとコーズウェイ海岸
（Giant's Causeway and Causeway Coast）
ジャイアンツ・コーズウェイとコーズウェイ海岸は、英国北西部、北アイルランドの北端のロンドン・デリーの東、42kmにある。起伏に富んだ海岸線が8kmも続く一帯であり、北アイルランド一の景勝地。数々の伝説が残る「巨人の石道」という意味のジャイアンツ・コーズウェイは、玄武岩の柱状節理による5、6角形の柱状玄岩群が、高さ100mほどの断崖から海中まで無数に密集し、その光景は壮観。ここは、地質学者によって300年にもわたって調査が行われた調査によって、5000万〜6000万年前の新生代の火山活動により流出した大量のマグマが冷却、凝固し、割れ目のある石柱になったことがわかり、地球科学の発展に寄与した。その数は4万本ともいわれる石柱の中には、高さが12mもある「ジャイアント・オルガン」、「馬の靴」、「貴婦人の扇」などと名付けられた不思議な奇岩もある。
自然遺産（登録基準(vii)(viii)）　1986年

○セント・キルダ（St Kilda）
セント・キルダは、英国の北西部、スコットランドの北方の沖合185kmの大西洋上に浮かぶヒルタ島、ボーレー島、ソーア島、ダン島の4つの島とスタック・リーなど2つの岩礁など火山活動から生まれた群島からなる。北大西洋で最大の海鳥の繁殖地で、世界最大のシロカツオドリ、それに、オオハシウミガラス、ニシツノメドリ、コシジロウミツバメ、フルマカモメなどが生息する鳥の楽園。セント・キルダ群島で最大の島であるヒルタ島では、2千年以上前の巨石遺跡も発見されており、古代よりこの島に人が住んでいたことを証明している。また、農業、牧羊を生業とし、伝統的な石の家に住んでいた生活の痕跡が残されているが、1930年以降は無人島である。セント・キルダは、英国の生物圏保護地域に指定されており、2004年に周辺海域も登録範囲に含め、自然遺産の登録基準の(ix)が追加された。2005年7月の第29回世界遺産委員会では、その文化遺産としての価値も認められ、自然遺産から複合遺産になった。
複合遺産（登録基準(iii)(v)(vii)(ix)(x)）
1986年／2004年／2005年

○ヘンダーソン島 （Henderson Island）

ヘンダーソン島は、南太平洋のポリネシア東端、ピトケアン諸島にある面積3700haの環状珊瑚礁の無人島で、英国領に属する。1606年にスペイン人航海士のペドロ・フェルナンド・デ・キロスによって発見され、1819年には、英国のヘンダーソン船長が島に到着し、ヘンダーソン島と命名した。この島には、美しい自然景観、原始の自然が手つかずのままに残されており、飛べない鳥のヘンダーソン・クイナ、ヘンダーソン・ヒメアオバト、ヘンダーソン・オウムなど5種類の鳥、10種の植物など、この島固有の貴重な動植物が生息している。また、ヘンダーソン島の海岸は、ウミガメの産卵場所にもなっている。しかしながら、ヘンダーソン・ウミツバメなどの外敵である外来種のナンヨウネズミが繁殖、駆除が大きな課題になっている。また、ビジターの行動規範、レンジャーの任命、ピトケアン諸島の環境戦略などの管理計画の策定も急がれる。

自然遺産（登録基準(vii)(x)）　　1988年

○ゴフ島とイナクセサブル島
（Gough and Inaccessible Islands）

ゴフ島とイナクセサブル島は、南大西洋上にある英国の海外領土の火山島である。ゴフ島は、面積約80km²の無人の火山性孤島で、約2億年以上前の火山活動で誕生した。6世紀にポルトガルの船乗りで発見された後、1731年にこの島に立ち寄った英国人のゴフ船長の名前に因んでゴフ島と名付けられた。ゴフ島は、年間降水量は3400mmにもおよび、亜寒帯に属する海洋性気候で、風も非常に強い。生態系もほとんど破壊されておらず、アルバトロスなどの海鳥が島の断崖に集団営巣し世界最大級のコロニーを形成し、生殖地となっている。また、ゴフ・ムーヘンとゴフ・バンティングの2種の陸鳥、12種の植物の固有種が生息している。ゴフ島の南東部には、南アフリカ政府の気象観測所があり、昆虫学、鳥類学、気象学などの学術研究のプロジェクトが進められつつある。2004年にイナクセサブル島と周辺海域を追加、登録遺産名も「ゴフ島野生生物保護区」から変更された。

自然遺産（登録基準(vii)(x)）　　1995年／2004年

○ドーセットおよび東デヴォン海岸
（Dorset and East Devon Coast）

ドーセットと東デヴォン海岸は、英国の南部イングランドのドーセット県とデヴォン県にある国際的にも重要な多様な化石の発掘地で、地球の歴史、地質学上の進化の様子、海岸の絶壁や海浜など地形学上の侵食の過程を学べる教材が豊富である。ドーセットと東デヴォン海岸は、ジュラ紀前期から白亜紀後期の恐竜イクチオサウルスの化石が発見されたことでも有名。地質時代の区分の一つである古生代で4番目に古い約4億1000万年前から3億6000万年前の時代のデヴォン紀の名前は、魚の化石が多く含まれアンモナイトや三葉虫の化石も発掘されたこの時代の地層がよく見られる東デヴォン海岸に由来している。

自然遺産（登録基準(viii)）　　2001年

オーストリア共和国 （1物件 ○1）

○カルパチア山脈とヨーロッパの他の地域の原生ブナ林群
（Primeval Beech Forests of the Carpathians and Other Regions of Europe）

自然遺産（登録基準(ix)）2007年／2011年／2017年
ウクライナ／スロヴァキア／ドイツ／スペイン／イタリア／ベルギー／オーストリア／ルーマニア／ブルガリア／スロヴェニア／クロアチア／アルバニア

オランダ王国 （1物件 ○1）

○ワッデン海 （The Wadden Sea）

ワッデン海は、デンマーク、ドイツ、オランダの三国に囲まれ、いくつもの島々によって外洋と隔てられている。ワッデン海域は、ドイツ側のニーダーザクセン・ワッデン海国立公園、シュレスヴィヒ・ホルシュタイン・ワッデン海国立公園、オランダ側の計画決定区域（PKB）、デンマーク側のワッデン海・自然野生生物保護区など8つの構成資産からなる。ワッデン海は、泥質干潟、塩性湿地、藻場、水路、砂浜、砂州、砂丘など自然景観、生態系、生物多様性と様々な自然環境に恵まれている。ワッデン海には、ゴマフアザラシ、ハイイロアザラシ、ネズミイルカなどの海生哺乳類、ヒラメ、ニシンなど100種の魚類、クモ、昆虫など2000種の節足動物など多様な野生生物が生息している。また、ワッデン海域には、毎年約1000万～1200万羽の渡り鳥の飛来地であり、東部大西洋やアフリカ・ユーラシアへの飛路の中継地となっている。ワッデン海の沿岸部は、大規模な堤防やダムが造られ、洪水を減らし、低地の人々を守り、農工業の用水の確保に役立ってきたが、一方、自然を破壊している。また、農薬、肥料、重金属、油による汚染と富栄養化、それに、漁業資源の乱獲などが進み環境が悪化している。1978年以降、オランダ、ドイツ、デンマークは、ワッデン海の総合的な保護の為の活動や方策を総括し、また、WWF（世界自然保護基金）も、ワッデン海の広大な海域を守る為、三カ国ワッデン海計画の策定を進めている。第38回世界遺産委員会ドーハ会議で、ドイツ側の登録範囲の拡大、またデンマーク側が加えられ、世界遺産の登録面積は、1,143,403haとなった。

自然遺産（登録基準(viii)(ix)(x)）
2009年／2011年／2014年
ドイツ／オランダ／デンマーク

○カルパチア山脈とヨーロッパの他の地域の原生ブナ林群
（Primeval Beech Forests of the Carpathians and Other Regions of Europe）

自然遺産（登録基準(ix)）　　2007年／2011年／2017年
（ウクライナ／スロヴァキア／ドイツ／アルバニア／オーストリア／ベルギー／ブルガリア／クロアチア／イタリア／ルーマニア／スロヴェニア／スペイン）
→ウクライナ

北マケドニア共和国 （1物件 ◎1）

◎オフリッド地域の自然・文化遺産
（Natural and Cultural Heritage of the Ohrid region）

○ 自然遺産　◎ 複合遺産　★ 危機遺産

シンクタンクせとうち総合研究機構

オフリッドは、アルバニアとの国境に接するオフリッド湖東岸の町で、ビザンチン美術の宝庫である。オフリッド地域には、3世紀末にキリスト教が伝来、その後、スラブ人の文化宗教都市として発展した。11世紀初めには、聖ソフィア教会が建てられ、教会内部は、「キリストの昇天」などのフレスコ画が描かれ装飾される。最盛期の13世紀には、聖クレメント教会など300もの教会があったといわれる。一方、400万年前に誕生したオフリッド湖は、湖水透明度が高い美しい湖として知られている。冬期にも凍結せず、先史時代の水生生物が数多く生息しており、オフリッド地域は、古くから培われてきた歴史と文化、そして、これらを取り巻く自然環境が見事に調和している。1979年に「オフリッド湖」として自然遺産に登録されたが、周辺の聖ヨハネ・カネオ教会などとの調和が評価され、翌1980年には文化遺産も追加登録されて複合遺産となった。2019年の第43回世界遺産委員会バクー会議で、アルバニア側のコルチャ州ポグラデツ県のリン半島なども登録範囲に加えられ拡大し、登録面積が94,728.6 ha、バッファーゾーンが15,944.40haとなった。

複合遺産（登録基準（i）（iii）（iv）（vii））
1979年／1980年／2009年／2019年
北マケドニア／アルバニア

ギリシャ共和国 （2物件 ◎2）

○ **アトス山** （Mount Athos）
アトス山は、ギリシャ北部のハルキディキ半島の突端にあるギリシャ正教の聖山。アトス山には、標高2033mの険しい山の秘境に、10世紀頃から造られたコンスタンティノープル総主教庁（総主教座はトルコのイスタンブールにある聖ゲオルギオス大聖堂）の管轄下にある修道院が20ある。中世以来、ギリシャ正教の聖地として、マケドニア芸術派の最後の偉大な壁画家エマヌエル・パンセリノスのフレスコ画をはじめ、モザイク、古書籍、美術品、教会用具等を多数有するビザンチン文化の宝庫である。アトス山は、今も厳しい修行の共同生活の場として女人禁制の戒律が守られ、1700人ほどの修道士の手によって運営されている。また、アトス山の岩山が切り立つ緑の山々、渓谷、海岸線など変化に富んだ自然景観も大変美しい。

複合遺産（登録基準（i）（ii）（iv）（v）（vi）（vii））
1988年

○ **メテオラ** （Meteora）
メテオラは、ギリシャ中央部のテッサリア地方、ピニオス川がピントス山脈の深い峡谷から現われテッサリア平原に流れ込むトリカラ県にある修道院群。メテオラとは、ギリシャ語の「宙に浮いている」という形容詞が語源の地名。11世紀以降、世俗を逃れ岩の割れ目や洞窟に住み着いた修道僧によって、14～16世紀のビザンチン時代後期およびトルコ時代に、24の修道院が約300の巨大な灰色の塔状奇岩群がそそり立つ頂上（高さ30～400m）に建てられた。メテオラには、女人禁制を含め厳しい戒律を定めた修道僧アタナシウスによって建てられたメガロ・メテオロン修道院（別名メタモルフォス修道院）をはじめ、ヴァルラム修道院、アギア・トアダ修道院、アギオス・ステファノン修道院、ルサノ修道院などの修道院があり、中世の典礼用具や木彫

品、クレタ様式のフレスコ画やイコン（聖画）などビザンチン芸術の宝庫でもある。

複合遺産（登録基準（i）（ii）（iv）（v）（vii））　1988年

クロアチア共和国 （2物件 ○2）

○ **プリトヴィチェ湖群国立公園**
（Plitvice Lakes National Park）
プリトヴィチェ湖群国立公園は、クロアチア中西部のオトチャツ県にある。最も高い標高639mのプロシュチャン湖から流れるプリトヴィチェ川の流れが、階段状に16の湖を作る珍しい景観を形成している。これら石灰華の湖の階段は、幾筋もの滝となって渓谷を流れ落ち、時には急流となって隣接の湖へと流れ込みコラナ川への流れとなる。周辺の森林地帯には、ヒグマ、オオカミ、カワセミなどの動物も生息している。世界の七不思議の一つにも数えられている複雑な造形美の景観を呈するプリトヴィチェ湖群国立公園ではあるが、ユーゴスラビア内戦で多くの被害を受け、一時は危機遺産に登録されたが1997年には解除されている。2000年に登録範囲が拡大された。

自然遺産（登録基準（vii）（viii）（ix））
1979年／2000年

○ **カルパチア山脈とヨーロッパの他の地域の原生ブナ林群**
（Primeval Beech Forests of the Carpathians and Other Regions of Europe）
自然遺産（登録基準（ix））　2007年／2011年／2017年
（ウクライナ／スロヴァキア／ドイツ／アルバニア／オーストリア／ベルギー／ブルガリア／クロアチア／イタリア／ルーマニア／スロヴェニア／スペイン）
→ウクライナ

スイス連邦 （3物件 ○3）

○ **スイス・アルプスのユングフラウ−アレッチ**
（Swiss Alps Jungfrau-Aletsch）
スイス・アルプスのユングフラウ−アレッチは、ベルン州とヴァレリー州にまたがる雪を頂くスイス・アルプス。標高およそ4000m、総面積824km²の広大なエリアにアイガー、メンヒ、ユングフラウという3名山とユングフラウから続く西ユーラシア最大・最長のアレッチ氷河を擁する。アレッチ氷河は、氷河史や進行中の過程、特に気候変動と地球温暖化との関連において、科学的にも重要なものである。ユングフラウ−アレッチの壮麗で雄大な大地は、アルプスが造りあげた理想的な自然の芸術であり、また自然保護活動の観点からも1930年のアレッチの森林保護区、「ヴィラ・カッセル」というスイス初の環境保護センターの設置などスイス・エコロジー運動の先駆的役割を果たしてきた。ここには、エーデルワイスやエンチアンなどの高山植物や亜高山植物も広範に生息している。ユングフラウ−アレッチの印象的な景観は、ヨーロッパの文学、美術、登山、旅行に重要な役割を果たした。この地域はその美しさに魅せられた国際的なファンも多く訪れたい最も壮観な山岳地域の一つとして広く認識されている。2007年の第31回世界遺産委員会クライストチャーチ会議で、世界遺

産の登録範囲が539km²から824km²に拡大された。また、2008年には、登録名が変更になった。
自然遺産（登録基準(vii)(viii)(ix)）
2001年／2007年

○モン・サン・ジョルジオ（Monte San Giorgio）

モン・サン・ジョルジオは、ティチーノ州のルガーノの南方にある、地質学的、古生物学的にも重要で、動植物の生態系も豊かな南アルプスの美しい山である。モン・サン・ジョルジオは、中世には、隠遁者を惹きつける聖なる場所であった。一方、2.3～2.4億年前には、恐竜が、メリーデ地域に住みついていたと思われ、三畳紀の地層から化石が発掘されている。土質が柔らかい泥の為に、これらの生物の骨格が完全に保存されている。メリーデには、各種の恐竜の骨格が発掘されており、発掘の詳細と出土した小物までも展示している小さな恐竜博物館もある。また、この地域では、多くの魚の様な無脊椎動物の化石が発見されているので、昔は、海の近くであったに違いない。モン・サン・ジョルジオは、2010年の第34回世界遺産委員会ブラジリア会議で、類いない重要性と多様性の価値がある三畳紀の海洋生物の化石が残っているイタリア側の「モン・サン・ジョルジオ」を構成資産に加えて、登録範囲を拡大した。
自然遺産（登録基準(viii)）　2003年／2010年
スイス／イタリア

○スイスの地質構造線サルドーナ
（Swiss Tectonic Arena Sardona）

スイスの地質構造線サルドーナは、スイスの北東部、グラウビュンデン州、ザンクト・ガレン州、グラールス州にまたがる。グラールス州のピッツ・サルドーナ（Piz Sardona　3056m）を中心に標高3000mの7つの頂きを特徴とする東部スイス・アルプスの大自然の絶景とその特徴的な地形の山岳地域32850haが世界遺産の核心地域である。スイスの地質構造線サルドーナは、褶曲作用によって、約5000万年前の砂岩フリッシュ層の上に約2億5000万年から3億万年前のペルム紀の火山質礫岩ヴェルカーノ層が重なってナイフの様な鋭い地質構造線の特異な地形が、氷河期後に、現在のヨーロッパに起こったプレート（岩板）のダイナミックな地殻変動による大陸衝突（移動）によって形成されたアルプス山脈、そして、地球の誕生と進化の謎を解明する鍵となり、地球科学の分野で重要な地球の上層部の変動をつかさどる重要な理論である「プレート・テクトニス理論」（プレート理論）を証明する上でも大きな意味を持つ地形で、フォーダーライン渓谷、リント渓谷、ヴァーレン湖に囲まれたリント川流域のグラールス・アルプス一帯の魅惑的な山岳景観が象徴的である。
自然遺産（登録基準(viii)）　2008年

スウェーデン王国（2物件　○1　◎1）

◎ラップ人地域（Laponian Area）

ラップ人地域は、スカンジナビア半島北部のアジア系少数民族で先住民族のラップ人＜サーミ（サーメ）人＞

の故郷。広大な北極圏で暮らす彼等は、毎年トナカイと共に、そりで、この地域にやってくる。遊牧生活を送るサーミ人の伝統文化が残る最大にして最後のラップランドは、高山植物も見られる山岳、氷河で運ばれたツンドラの堆石によってできた深い渓谷のフィヨルド、湖沼、滝、そして、川が流れる雄大な自然景観が素晴しい。かつてのサーミ人の交易の中心地のユッカスヤルビの近くには、サーミ人の博物館、ラップランド唯一の木造教会、トナカイファームなどが見られる。また、イェリヴァーレの郊外には、サーミ人のキャンプ、ヴァグヴィサランがあり、伝統的な白樺の木で組んだ可動式のテントの"コータ"(Kaota)が建ち、トナカイが飼育されている。
複合遺産（登録基準(iii)(v)(vii)(viii)(ix)）
1996年

○ハイ・コースト／クヴァルケン群島
（High Coast／Kvarken Archipelago）

ハイ・コーストは、スウェーデンの北東、南ボスニア湾の西岸にある。ハイ・コーストの面積は、海域の800kmを含む1425km²で、国立公園、自然保護区、自然保全区域に指定されている。ハイ・コーストの地形は、海岸、渓谷、湖沼、入り江、島、高地などからなり景観も美しい。9600年前の氷河期から100年あたり90cmのスピードで土地が隆起を続け、この間、285～294mにもなり、地質学的にも氷河後退後の地殻上昇の現象が随所に見られる。ハイ・コーストは、1997年に建てられた世界屈指の吊橋、ヘーガ・クステン橋(ハイ・コースト橋　1210m)でも有名である。また、海岸線に集積する先史時代の遺跡や人間と自然との共同作品ともいえる文化的景観など歴史・文化遺産の価値評価についても着目されている。2006年、フィンランドのクヴァルケン群島を追加し、2国にまたがる物件となった。
自然遺産（登録基準(viii)）　2000年／2006年
スウェーデン／フィンランド

スペイン（6物件　○4　◎2）

○ガラホナイ国立公園（Garajonay National Park）

ガラホナイ国立公園は、スペイン本土から南へ約1000km、北アフリカの大西洋岸に位置するカナリア諸島のゴメラ島にある国立公園。ゴメラ島は大西洋上にある常夏の火山島。最高峰のガラホナイ山（標高1487m）を中心に広がる約40km²のガラホナイ国立公園には、太古の植物群が残り、半分以上がカナリア月桂樹の森林に覆われている。氷河作用の影響を受けていないこの島には、数百万年前の地中海沿岸に分布していた植物の残存種が植生している。ハトなどの鳥類、ビシェ、トゥルケなどの小動物、それに、昆虫などの固有種が存在するなど、種や生態学の研究にとって、かけがえのない貴重な自然が残されている。
自然遺産（登録基準(vii)(ix)）　1986年

○ドニャーナ国立公園（Doñana National Park）

ドニャーナ国立公園は、スペインの南部、アンダルシア自治州ウエルヴァ県、セビリア県、カディス県、この地方を流れるグアダルキビル川の河口にある面積730km²のスペイン最大の国立公園、ヨーロッパでも最大級の自然保護区で、ヨーロッパの野生動物にとって

後の楽園だと言われている。マリスマスという湿原
地帯、アレナス・エスタビリサダスという固まった砂
地、ドゥナス・モナレスという動く砂丘、サンゴ礁など
変化に富んだ地形と、地中海性気候がつくりあげた
自然と植物層からなる。雁、カモ、オオフラミンゴな
どの渡り鳥や水鳥、食物連鎖をなすアナウサギ、イベ
リアのオオヤマネコ、マングース、カタジロワシなどが
生息している。ドニャーナ国立公園の複数の入り口に
は、一般向けの案内所がある。1980年にユネスコの
「人間と生物圏計画」(MAB計画)に基づく生物圏保護
区、それに、毎年50万羽以上の水鳥の越冬地となるこ
の地は、1982年にラムサール条約の登録湿地にもなっ
ている。2005年には登録範囲の拡大が行われた。
自然遺産(登録基準(vii)(ix)(x))　1994年/2005年

○ピレネー地方−ペルデュー山 (Pyrénées-Mount Perdu)
ピレネー地方−ペルデュー山は、スペインの東部、アラ
ゴン自治州とフランスの南西部、ミディ・ピレネー地方
にまたがるペルデュー山を中心とするピレネー地方の
自然と文化の両方の価値を有する複合遺産である。ペ
ルデュー山は、アルプス造山運動の一環によって形成
された石灰質を含む花崗岩を基盤とした山塊で、スペ
イン側では、ペルディード山(3393m)、フランス側で
は、ペルデュー山(3352m)と呼ばれる。世界遺産の登録
面積は、スペイン側が20,134ha、フランス側が10,505ha
で、オルデサ渓谷、アニスクロ渓谷、ピネタ渓谷などヨー
ロッパ最大級の渓谷群、北側斜面の氷河作用によっ
て出来た、ピレネー山脈最大のガヴァルニー圏谷(カー
ル)などから構成され、太古からの山岳地形とその自
然景観を誇る。また、ピレネー地方は、ヨーロッパの高
地帯に広がる昔ながらの集落、農業や放牧などの田園
風景は、自然と人間との共同作品である文化的景観を
形成している。1988年にスペイン・フランス両国間で、
ペルデュー山管理憲章が締結されているが、二国間協
複合遺産(登録基準(iii)(iv)(v)(vii)(viii))
1997年/1999年　スペイン/フランス

○イビサの生物多様性と文化
(Ibiza, Biodiversity and Culture)
イビサの生物多様性と文化は、スペインの離島部、西
地中海に浮かぶ美しい砂浜と快適な気候に恵まれたバ
レアレス諸島の西部イビサ島、フォルメンテラ島、フ
リウス小島群で構成される。この一帯は、松林、アー
モンド、いちじく、オリーブ、ヤシの木などの植生に
恵まれ、地中海でしか見られない重要な固有種の海草
「ポシドニア」、それに、草原状の珊瑚礁が、海洋と沿
岸の生態系に良い影響を与え、絶滅危惧種の地中海モ
ンクアザラシなどの生息地にもなっている。イビサ島
は、紀元前654年に、カルタゴ人によって建設された
が、地勢的に地中海の要所にある為、歴史的にも、ロー
マ帝国、ヴァンダル人、ビザンチン帝国、イスラム
帝国、アラゴン王国など様々な勢力の間で、支配権が
争われてきた。イビサには、フェニキア・カルタゴ時
代の住居や墓地などの考古学遺跡、スペイン植民地の
要塞の発展に大きな影響を与えた軍事建築の先駆けと
いえる16世紀の要塞群で囲まれた旧市街(アルタ・ヴィ
ラ)の町並みが今も残っている。
複合遺産(登録基準(ii)(iii)(iv)(ix)(x))　1999年

○テイデ国立公園 (Teide National Park)
テイデ国立公園は、スペイン本土から南へ約1000km、
北アフリカの大西洋岸に位置するカナリア諸島の7つの
島々の中で最大のテネリフェ島にある。テイデ国立公
園は、スペイン最高峰のテイデ・ピエホ火山(3718m) を
中心に展開し、海床から山頂までの高さが7500mにな
り、世界で3番目に高い火山体構造で、自然景観、それ
に、地形の発達における大洋島の重要な地学的な進行
過程がわかる地球史上の主要な段階を示す顕著な見本
である。世界遺産の登録範囲は、核心地域が18990ha、
緩衝地域が54128haで、イエルバ・パホネラ、チョウゲ
ンボウ、もず、ラガルト・ティソンなどの動植物の生態
系も多様で、稀少種や固有種の生息地となっている。
自然遺産(登録基準(vii)(viii))　2007年

○カルパチア山脈とヨーロッパの他の地域の原生ブナ林群
(Primeval Beech Forests of the Carpathians and Other
Regions of Europe)
自然遺産(登録基準(ix))　2007年/2011年/2017年
(ウクライナ/スロヴァキア/ドイツ/アルバニア/
オーストリア/ベルギー/ブルガリア/クロアチア/
イタリア/ルーマニア/スロヴェニア/スペイン)
→ウクライナ

スロヴァキア共和国 (2物件　○2)

○アグテレック・カルストとスロヴァキア・カルスト
の鍾乳洞群
(Caves of Aggtelek Karst and Slovak Karst)
アグテレック・カルストとスロヴァキア・カルストの鍾
乳洞群は、ハンガリーとスロヴァキアとの国境にまた
がるアグテレック、スセンドロ・ルダバーニャ丘陵、ド
ブシンスカー氷穴などのカルスト台地と鍾乳洞の7つの
構成資産からなる。ハンガリー側は、1985年に「アグテ
レック・カルスト国立公園」に、スロヴァキア側は、
2002年に「スロヴァキア・カルスト国立公園」に、それぞ
れ指定されている。ハンガリーとスロヴァキアとを繋
ぐバルドゥラードミツァ洞窟は、ヨーロッパで最も大き
い洞窟といわれ、全長25kmに及ぶ。これまでに発見さ
れた洞窟の数は、712あるとされ、そのうちの262がハン
ガリー側にある。洞窟群の内部には、長い歳月の自然
の営みによって造形された鍾乳石や石筍が多く並び、
光によって芸術的な輝きを放っている。一方、アグ
テレック・カルストとスロヴァキア・カルストの鍾乳洞群
は、酸性雨、それに、化学肥料や農薬による地下洞窟の
水質汚染などの脅威にさらされている。
自然遺産(登録基準(viii))　1995年/2000年/2008年
ハンガリー/スロヴァキア

○カルパチア山脈とヨーロッパの他の地域の原生ブナ林群
(Primeval Beech Forests of the Carpathians and Other
Regions of Europe)
自然遺産(登録基準(ix))　2007年/2011年/2017年
(ウクライナ/スロヴァキア/ドイツ/アルバニア/
オーストリア/ベルギー/ブルガリア/クロアチア/
イタリア/ルーマニア/スロヴェニア/スペイン)
→ウクライナ

○ 自然遺産　◎ 複合遺産　★ 危機遺産

世界遺産リストに登録されている自然遺産

スロヴェニア共和国 (2物件 ○2)

○シュコツィアン洞窟 (Škocjan Caves)

シュコツィアン洞窟は、スロヴェニア南西部、プリモルスカ県のポストイナ近郊にある古生代石炭紀を起源とする洞窟群。スロヴェニアは、国土の大半が石灰岩のカルスト地帯と森林で、ポストイナ鍾乳洞など6000年の石灰質の鍾乳洞がある。なかでも、シュコツィアン鍾乳洞の洞窟は最大級で、地下渓谷は世界最大といわれている。シュコツィアン洞窟に沈んだ2つの谷間を付近の山を源とするレカ川が流れ、滝、石灰華が堆積してできた石灰段丘、ドリーネと呼ばれる神秘的な地底湖を形造り、水と石が演じる神聖な芸術的造形品の様相。地上に鍾乳石の橋が架かる奇観も呈する。洞窟内には、キクガシラコウモリなどの珍しい動物も生息している。
自然遺産 (登録基準(vii)(viii))　　1986年

○カルパチア山脈とヨーロッパの他の地域の原生ブナ林群

(Primeval Beech Forests of the Carpathians and Other Regions of Europe)
自然遺産 (登録基準(ix))　　2007年／2011年／2017年
(ウクライナ／スロヴァキア／ドイツ／アルバニア／オーストリア／ベルギー／ブルガリア／クロアチア／イタリア／ルーマニア／スロヴェニア／スペイン)
→ウクライナ

デンマーク王国 (3物件 ○3)

○イルリサート・アイスフィヨルド

(Ilulissat Icefjord)
イルリサート・アイスフィヨルドは、世界最大の島で、デンマーク領のグリーンランド(面積218万km²、イヌイットなどが住み人口を6万人)の西海岸にあるアイスフィヨルド。イルリサート・アイスフィヨルドは、面積が4024km²で、3199km²の氷河、397km²の陸地、386km²のフィヨルド、42km²の湖群からなる。氷に覆われたまま海に注いでいるクジャレク氷河は、世界で最速の氷河の一つで、一日に19mも進む活発な氷河である。イルリサート・アイスフィヨルドにおける250年間の研究は、気候変動や氷河学の発展に影響を与えた。また、グリーンランドと南極でしか見られない氷山に覆われたフィヨルド、入江、海、氷、岩石が一体となったドラマティックな自然現象は、圧巻である。
自然遺産 (登録基準(vii)(viii))　　2004年

○スティーブンス・クリント (Stevns Klint)

スティーブンス・クリントは、デンマークの東部、首都のコペンハーゲンの南45kmのところにある長さが14.5kmの海岸で、世界遺産の登録面積は、50ha、バッファー・ゾーンは、4,136haである。スティーブンス・クリントでは、中生代白亜紀(ドイツ語のKreide)と新生代第三紀(英語のTeriary)の境界をなす、いわゆるK/T境界という6500万年の堆積岩の地層が見られる。隕石が地球にぶつかるとクレーターができる。隕石の大きさや衝突する速度が大きければクレーターは、必然的に大きくなり、その衝撃も大きい。周辺の大地には破壊された埃が、小さな埃は高く舞い上がって大気を覆い、有害な雨を降らし、海では大きな津波が各地の海岸を襲う。大きな隕石は、高濃度のイリジウム(Ir)を撒き散らして

地球に大きな変化をもたらす。恐竜の絶滅の原因は、「巨大隕石が地球に衝突したこと」という仮説は有名な話で、最近になってこの説で正しいという結論に達している。現在は第三紀の語は、正式な用語として使われておらず、古第三紀(Paleogene)との境界であることからK-P境界、またはK/Pg境界とも呼ばれている。
自然遺産 (登録基準(viii))　　2014年

○ワッデン海 (The Wadden Sea)

自然遺産 (登録基準(viii)(ix)(x))
2009年／2011年／2014年
(オランダ／ドイツ／デンマーク) →オランダ

●クリスチャンフィールド、モラヴィア教会の入植地

(Christiansfeld, a Moravian Church Settlement)
クリスチャンフィールド、モラヴィア教会の入植地は、デンマークの南部、南デンマーク地域、南ユトランドのコルディングにあるモラヴィア教会の入植地として、デンマーク王のクリスチャン7世(1749年～180?年)の命により、ヘルンフート兄弟団出身のドイツのモラヴィア教会によって1773年に創建された町で、クリスチャン7世の名前に因んで名づけられた。モラヴィア教会は、プロテスタント教会の聖体拝領のルター主義と密接に結びついている。1722年にツィンツェンドルフ伯爵の領地にモラヴィアから逃れてきたフス派、兄弟団の群れが、ヘルンフート(主の守り)と呼ばれる共同体を形成した。各地で迫害されていた敬虔派やアナバプテストも逃れてきたが互いに権利を主張しあって問題が絶えなかった。しかし、1727年8月13日の聖餐式で全員が聖霊の力を経験して、その結果として財産共同体が発足した。クリスチャンフィールド、モラヴィア教会の入植地は、その人間的な都市計画、赤いタイルの屋根と黄色の煉瓦の1～2階建の飾り気のない同種の建築様式に象徴されている様に、先駆的な平等主義の考え方が反映されている。
文化遺産 (登録基準(iii)(iv))　　2015年

ドイツ連邦共和国 (3物件 ○3)

○メッセル・ピット化石発掘地 (Messel Pit Fossil Site)

メッセル・ピットは、ヘッセン州のフランクフルト南方のダルムシュタットの近くにあり、今から5700万年から3600万年前の新生代始新世(地質年代)前期の生活環境を理解する上で最も重要な面積70haの化石発掘地。ここの地層は、石油が含まれる油母頁岩(オイル・シェール)で出来ておりメッセル層と呼ばれ、もともとは、褐炭を採掘した露天掘り鉱山であった。採掘された化石の種類は、馬の祖先といわれるプロパレオテリウム、アリクイ、霊長類、トカゲやワニなどの爬虫類、魚類、昆虫類、植物など多岐にわたる。なかでも、哺乳類の骨格や胃の内容物の化石は、保存状態が非常に良く、初期の進化を知る上で貴重な資料になっている。
自然遺産 (登録基準(viii))　　1995年／2010年

○ワッデン海 (The Wadden Sea)

自然遺産 (登録基準(viii)(ix)(x))
2009年／2011年／2014年
(オランダ／ドイツ／デンマーク) →オランダ

シンクタンクせとうち総合研究機構

世界遺産リストに登録されている自然遺産

カルパチア山脈とヨーロッパの他の地域の原生ブナ林群
（Primeval Beech Forests of the Carpathians and Other Regions of Europe）
自然遺産（登録基準(ix)）　2007年／2011年／2017年
（ウクライナ／スロヴァキア／ドイツ／アルバニア／オーストリア／ベルギー／ブルガリア／クロアチア／イタリア／ルーマニア／スロヴェニア／スペイン）
→ウクライナ

トルコ共和国（2物件　◎2）

◎ギョレメ国立公園とカッパドキアの岩窟群
（Göreme National Park and the Rock Sites of Cappadocia）
ギョレメ国立公園は、トルコの中部、ネヴシェヒル地方にあるアナトリア高原にある。カッパドキアの岩群は、エルジェス山やハサン・ダウ山の噴火によって、凝灰石が風化と浸食を繰り返して出来上がったもので、キノコ状、或は、タケノコ状の奇岩怪石が林立する。この地に、4世紀前後にローマ帝国の迫害から逃れたキリスト教徒が、横穴式に掘り抜いて約360の岩窟修道院や教会などをつくった。なかでも、ギョレメ峡谷一帯の洞窟群は、周辺の自然を損なうことなく人間の手の入った世界でも珍しい地域で、カッパドキアの奇観を代表するチャウシン岩窟教会などの岩窟教会、トカル・キリッセ、エルマル・キリッセ、バルバラ・キリッセなどの聖堂が集まっており、内部には色鮮やかなビザンチン様式のフレスコ画が残っている。また、カッパドキアには、オオカミ、アカギツネなどの動物、100種を超える植物など、貴重な動植物が生息している。
複合遺産（登録基準(i)(iii)(v)(vii)）　1985年

ヒエラポリス・パムッカレ（Hierapolis-Pamukkale）
ヒエラポリスとパムッカレは、イスタンブールの南約500kmのデニズリから北20kmにある。ヒエラポリスは、ヘレニズム時代からローマ時代、ビザンテイン時代にかけての古代都市遺跡である。紀元前190年にペルガモンの王であったユーメネス2世によって造られ、2〜3世紀のローマ時代に、温泉保養地として最も栄えた。聖フィリップのレリーフがある円形大劇場、ドミティアヌス帝の凱旋門、浴場跡、八角形の聖フィリップのマルティリウム、アナトリア最大の2kmもある共同墓地などが残っている。パムッカレは、トルコ語で「綿の城塞」という意味で、トルコ随一の温泉保養地で、温泉が造り出した真白な石灰岩やクリーム色の鍾乳石の段丘が印象的。パムッカレは、地面から湧き出た石灰成分を含む摂氏35度の温泉水が100mの高さから山肌を流れ落ち、長年の浸食作用によって出来た幾重にも重なった棚田の様な景観を形成し圧巻である。
複合遺産（登録基準(iii)(iv)(vii)）　1988年

ノルウェー王国（1物件　○1）

西ノルウェーのフィヨルド －
**　ガイランゲル・フィヨルドとネーロイ・フィヨルド**
（West Norwegian Fjords - Geirangerfjord and Nærøyfjord）
西ノルウェーのフィヨルドーガイランゲル・フィヨルドとネーロイ・フィヨルドは、ノルウェーの西部、海岸線が複雑に入り組んだ美しいフィヨルド地帯。フィヨルドとは、陸地の奥深く入り込み、両岸が急傾斜し、横断面が一般にU字形をなす入り江で、氷河谷が沈水したものである。ガイランゲル・フィヨルドは、オーレスンの東にあるS字形をしたフィヨルドで、ノルウェーの文学者ビョーンスティヤーネ・ビョーンソンが「ガイランゲルに牧師はいらない。フィヨルドが神の言葉を語るから」と言ったことで有名なフィヨルドで、ノルウェー4大フィヨルド（ソグネフィヨルド、ガイランゲルフィヨルド、リーセフィヨルド、ハダンゲルフィヨルド）の一つである。ネーロイ・フィヨルドは、ベルゲンの北にある全長205km、世界最長・最深のフィヨルドであるソグネフィヨルドの最深部、アウランフィヨルドと共に枝分かれした細い先端部分にあるヨーロッパで最も狭いフィヨルドである。
自然遺産（登録基準(vii)(viii)）　2005年

ハンガリー共和国（1物件　○1）

○アグテレック・カルストとスロヴァキア・カルストの鍾乳洞群（Caves of Aggtelek Karst and Slovak Karst）
自然遺産（登録基準(viii)）
1995年／2000年／2008年
（ハンガリー／スロヴァキア）→スロヴァキア

フィンランド共和国（1物件　○1）

○ハイ・コースト／クヴァルケン群島
（High Coast／Kvarken Archipelago）
自然遺産（登録基準(viii)）　2000年／2006年
（スウェーデン／フィンランド）→スウェーデン

フランス共和国（6物件　○5　◎1）

○ポルト湾：ピアナ・カランシェ、ジロラッタ湾、スカンドラ保護区
（Gulf of Porto:Calanche of Piana, Gulf of Girolata, Scandola Reserve）
ポルト湾：ピアナ・カランシェ、ジロラッタ湾、スカンドラ保護区は、地中海の西部にあるコルシカ島にある。コルシカ島は、火山活動で出来た島で、中央には2000mを越える脊梁山脈が南北に走り、山地はマキと呼ばれる灌木林で覆われている。ポルト湾は、島の西部、ジロラッタ岬からポルト岬に至る変化に富んだリアス式海岸で、海から垂直に切り立った花崗岩の断崖が壮観。珊瑚礁や海洋生物などの貴重な自然や動植物が保護されており、カワウ、ヒメウ、ハヤブサ、ミサゴ等の鳥類も数多く生息している。コルシカ島は、ナポレオンの生地としても知られている。
自然遺産（登録基準(vii)(viii)(x)）　1983年

◎ピレネー地方-ペルデュー山（Pyrénées-Mount Perdu）
複合遺産（登録基準(iii)(iv)(v)(vii)(viii)）
1997年／1999年　（スペイン／フランス）
→スペイン

○ニューカレドニアのラグーン群：珊瑚礁の多様性と関連する生態系群
（Lagoons of New Caledonia: Reef Diversity and Associated Ecosystems）

○　自然遺産　◎　複合遺産　★　危機遺産

シンクタンクせとうち総合研究機構

世界遺産リストに登録されている自然遺産

ニューカレドニアのラグーン群：珊瑚礁の多様性と関連する生態系群は、南太平洋のメラネシア、フランスの海外領土であるニューカレドニアに展開する。ニューカレドニアは、南太平洋では、ニュージーランド、パプアニューギニアに次ぐ3番目に大きい島で、本島のニューカレドニア島（グランドテール島）、アントルカスト一諸島のウオン島、シュルプリーズ島、ロワイヤテ諸島のウベア島、ボートン・ポープレ島など美しい白砂のビーチに縁取られた島々と周辺海域からなる。ラグーンとは、珊瑚礁と陸地との間の礁湖のことである。世界遺産の登録範囲は、6地域からなり、登録面積は、コア・ゾーンが1,574,300ha、バッファー・ゾーンが1,287,100haと広大で、オーストラリアのグレート・バリア・リーフに次ぐ世界第2位の堡礁（ほしょう）のニューカレドニア・バリア・リーフ（全長1600km）、それに、世界最大級の礁湖グランド・ラグーン・スドなどのラグーン群を擁する。ニューカレドニアのラグーン群は、250種の珊瑚と1600種の魚類などその生物多様性、世界で最も多様な珊瑚礁が集中していること、また、マングローブから海草までの生息地域が連続していることなどが特徴である。ニューカレドニアのラグーン群は、光合成や食物連鎖などによって、関連する無傷な生態系群を形成しており、世界で3番目のジュゴンの生息数、絶滅が危惧されている魚類、亀類、海棲哺乳類の生息地でもある。ニューカレドニアのラグーン群は、かけがえのない自然美、それに、生きている珊瑚礁から古代の化石化した珊瑚礁に至るまで、多様な時代の珊瑚礁が見られるなど太平洋の自然史を解明する重要な情報源になっている。
自然遺産（登録基準(vii)(ix)(x)）　2008年

○レユニオン島の火山群、圏谷群、絶壁群
(Pitons, cirques and remparts of Reunion Island)
レユニオン島の火山群、圏谷群、絶壁群は、マダガスカル島の東800km、インド洋の南西に浮かぶカルデラ型の小さな火山島にあり、島の面積2,512km²の約40%、10万haに及ぶ。レユニオン島は、1513年にポルトガルのインド植民地総督ペドロ・デ・マスカレニャスによって発見された。フランスの海外県で、島の中央部には、最高峰のピトン・デ・ネージュ山（3069m　死火山）があり、周囲には、大きなカルデラのような3つの圏谷、サラジー、シラオス、マファトがある。島の南東部には、レユニオン島のシンボルである楯状火山のピトン・ドゥ・ラ・フルネーズ山（2631m）が聳えている。この山は、世界で最も活発な火山の一つに数えられ、これまでに頻繁に、噴火を繰り返しており、火山学研究のメッカとなっている。レユニオン島の火山群、圏谷群、絶壁群の一帯は、2007年3月にレユニオン国立公園に指定されている。レユニオン島は、小さな島であるが、青い珊瑚礁、砂浜、山岳、滝、森林、月面のような風景、点在するサトウキビ畑、クレオールの文化が根付いた町並みなど、変化に富んだ独特の景観が広がり、その自然景観、地形・地質、生態系、生物多様性が評価された。2011年10月に大規模な山火事が発生、希少種や絶滅危惧種の動植物の焼失が心配される。
自然遺産（登録基準(vii)(x)）　2010年

○ピュイ山脈とリマーニュ断層の地殻変動地域
(the Chaine des Puys - Limagne fault tectonic arena,
France)
ピュイ山脈とリマーニュ断層の地殻変動地域は、フランスの中央部、オーヴェルニュ・ローヌ・アルプ地圏にある。世界遺産の登録面積は24,223ha、バッファー・ゾーンは16,307haである。ピュイ山脈とリマーニュ断層は、ヨーロッパ・リフトの象徴的なセグメントは、3500万年前のアルプス山脈の形成の余波を創造した。ピュイ山脈とリマーニュ断層の地殻変動地域の境界は、地質学上の特徴や景観などを呈し、地殻変動や山活動を特徴づけ、長いリマーニュ断層などピュイ山脈の火山群の風光明媚なalignment、and the Montagne de la Serreの逆転地形。これらと共に いかに、大陸地殻の亀裂、それから崩壊、深いマグマが上昇し、表面に広範な隆起引き起こすかを示している。
自然遺産　登録基準（(viii)）　2018年

○フランス領の南方・南極地域の陸と海
(French Austral Lands and Seas)
フランス領の南方・南極地域の陸と海は、フランス領の南方・南極地域の一部である。登録面積は67,296,900ha、構成資産は、南インド洋のクローゼー諸島、ケルグレン諸島、セント・ポール（サンポール）島とアムステルダム島の3件からなる。クローゼー諸島はインド洋の南にあるフランス領の諸島で、マダガスカルと南極大陸のほぼ中間点にある。海洋学上それに地形学上の特色から、これらの陸域と海域は、自然景観が美しく、また、生態系、それに生物多様性に恵まれている。フランス領の南方・南極地域の陸と海は、キング・ペンギン、キバナアホウドリなどの鳥類、海棲哺乳類が生息する世界最大級の海洋保護区の一つであり、海洋生態系における炭素循環において、主要な役割を果たしている。尚、フランス領の南方・南極地域の政庁はケルグレン諸島の研究観測業務の基地であるポルトーフランセにある。
自然遺産（登録基準 (vii)(ix)(x)）　2019年

ブルガリア共和国 (3物件　○3)

○スレバルナ自然保護区 (Srebarna Nature Reserve)
スレバルナ自然保護区は、ブルガリアの北部、ルーマニア国境に近いシリストラの町の西16kmのドナウ川の河岸にある。絶滅の危機にさらされているダルマチア・ペリカン、カワウ、トキ、白鳥、サギなどの複数の種を含め、アジサシ、ガランチョウ、オジロワシ、イヌワシ、ブロンズトキなどの貴重な渡り鳥約100種類が生息する。ドナウ川の南1kmの下流域近くにある自然保護区内には、スレバルナ湖などの湖が点在し、汚染を免れた淡水が、水鳥の繁殖を助けている。1975年にラムサール条約登録湿地、1977年にユネスコMAB生物圏保護区、1989年にBirdlife International Programmeによる重要鳥類生息地（IBA）に登録、指定された。1992年、湿原の乾燥化の惧れから危機遺産に登録されたが、その後水量の確保や管理計画の策定など改善措置が講じられた為、2003年に解除された。
自然遺産（登録基準(x)）　1983年／2008年

○ピリン国立公園 (Pirin National Park)
ピリン国立公園は、ブルガリアの南西部にある同国最大の自然公園。ギリシャとマケドニアの国境に接する

ピリン山脈は、深い針葉樹林に覆われ、最高峰のヴィーヘン山（2914m）を擁する。ピリン山脈は、ヨーロッパ氷河期に出来た山脈で、カール（圏谷）、U字谷、約70もの氷河湖など変化に富んだ景観を誇る。生態系も豊かで、オウシュウモミやエーデルワイスなどの植物、ヒグマ、オオカミ、キツネ、ムナジロテンなどの動物の種類も多い。1934年には自然保護区として指定され、ブルガリアにおける自然保護のテストケースにもなった。ピリン国立公園は、2010年の第34回世界遺産委員会ブラジル会議で、新たにピリン山の標高2000m以上に位置する草原、岩原、頂上の高山帯を登録範囲に加えた。
自然遺産（登録基準(vii)(viii)(ix)）
1983年／2010年

○カルパチア山脈とヨーロッパの他の地域の原生ブナ林群
（Primeval Beech Forests of the Carpathians and Other Regions of Europe)
自然遺産（登録基準(ix)）　2007年／2011年／2017年
（ウクライナ／スロヴァキア／ドイツ／アルバニア／オーストリア／ベルギー／ブルガリア／クロアチア／イタリア／ルーマニア／スロヴェニア／スペイン）
→ウクライナ

ベラルーシ共和国 （1物件　○1)

○ビャウォヴィエジャ森林 （Białowieża Forest)
ビャウォヴィエジャ森林は、ポーランドの東部とベラルーシの西部の国境をまたがるヨーロッパ最大の森林で、かつてはポーランド王室の狩猟場であった。ポーランド側は、1931年に「ビャウォヴィエジャ原生林国立公園」、ベラルーシ側は、1993年に「ベラベジュスカヤ・プッシャ国立公園」に、それぞれ指定され保護されている。いまだ手付かずの原生林が残る森林には、絶滅しかかっていたヨーロッパ・バイソンを動物園から移動させて繁殖に成功し、現在は、約300頭が生息している。このほかにも、オオアカゲラ、ヘラジカ、クマ、キツネ、オオヤマネコ、小型野生馬のターパンなど50種類以上の哺乳類が生息している。ビャウォヴィエジャ国立公園とベラベジュスカヤ・プッシャ国立公園は、ベラルーシ側の国境フェンスによる動物の自由な移動の妨げ、シカやバイソンによる植生への影響、外来種のレッド・オークの繁殖、森林伐採、森林火災などの脅威にさらされている。第38回世界遺産委員会ドーハ会議で、登録範囲が拡大され、登録面積は、141,885ha、バッファー・ゾーンは、166,708haとなり、登録基準と登録遺産名も変更された。
自然遺産（登録基準(ix)(x)）
1979年／1992年／2014年
ポーランド／ベラルーシ

ベルギー王国 （1物件　○1)

○カルパチア山脈とヨーロッパの他の地域の原生ブナ林群
（Primeval Beech Forests of the Carpathians and Other Regions of Europe)
自然遺産（登録基準(ix)）　2007年／2011年／2017年
（ウクライナ／スロヴァキア／ドイツ／アルバニア／オーストリア／ベルギー／ブルガリア／クロアチア／イタリア／ルーマニア／スロヴェニア／スペイン）

→ウクライナ

ポーランド共和国 （1物件　○1)

○ビャウォヴィエジャ森林 （Białowieża Forest)
自然遺産（登録基準(vii)）1979年／1992年／2014年
（ポーランド／ベラルーシ）→ベラルーシ

ポルトガル共和国 （1物件　○1)

○マデイラ島のラウリシールヴァ （Laurisilva of Madeira)
マデイラ島のラウリシールヴァは、ポルトガルの南西部、リスボンの南西980kmの大西洋上に浮かぶ標高1862mの険しい峰のピコ・ルイヴォ山がそびえる荒々しい海岸線をもった火山列島の照葉樹林原生林。マデイラ島は、その特異な景観から「大西洋の真珠」と言われている。また、平均気温が16〜21℃と年間を通じ温暖な気候に恵まれている。ラウリシールヴァ＜月桂樹林＞等の花が年中絶えないことから、「洋上の庭園」、「花籠の町」とも呼ばれている。マデイラ島のラウリシールヴァは、その生態系、それに、ハト、トカゲ、コウモリ、少なくとも66種の維管束植物、20種の苔類など動植物の生物多様性を誇る。欧州屈指のリゾート地として、また、斜面の段々畑で作られたブドウを使ったマデイラ・ワインの産地としても有名。
自然遺産（登録基準(ix)(x)）　1999年

北マケドニアロ （1物件　◎1)
（マケドニア・旧ユーゴスラヴィア共和国）
◎オフリッド地域の自然・文化遺産
（Natural and Cultural Heritage of the Ohrid region)
オフリッドは、アルバニアとの国境に接するオフリッド湖東岸の町で、ビザンチン美術の宝庫。オフリッド地域には、3世紀末にキリスト教が伝来、その後、スラブ人の文化宗教都市として発展した。11世紀初めには、聖ソフィア教会が建てられ、教会内部は、「キリストの昇天」などのフレスコ画が描かれ装飾された。最盛期の13世紀には、聖クレメント教会など300もの教会があったといわれる。一方、400万年前に誕生したオフリッド湖は、湖水透明度が高い美しい湖として知られている。冬期にも凍結せず、先史時代の水生生物が数多く生息しており、オフリッド地域は、古くから培われてきた歴史と文化、そして、これらを取り巻く自然環境が見事に調和している。1979年に「オフリッド湖」として自然遺産に登録されたが、周辺の聖ヨハネ・カネオ教会などとの調和が評価され、翌1980年には文化遺産も追加登録されて複合遺産となった。
複合遺産（登録基準(i)(iii)(iv)(vii)）
1979年／1980年／2009年

モンテネグロ （1物件　○1)

○ドゥルミトル国立公園 （Durmitor National Park)
ドゥルミトル国立公園は、モンテネグロ北東部のドゥルミトル山地にある国立公園。ドゥルミトル国立公園には、氷河期に形成されたタラ峡谷、22の氷河湖があり、標高2522mのドゥルミトル山の頂上にまで石灰岩が

○ 自然遺産　◎ 複合遺産　★ 危機遺産

広がる地質学的にも非常に重要な山岳地帯で、中世代、新生代第3紀、第4紀の岩層をもつ。もみの木の原生林がうっそうとしていて、貴重な古代マツをはじめとする太古の植物群も見られ、化石も多数発見されている。原生林や氷河湖の中を流れるタラ川は、バルカン半島に残された数少ない未開の川である。ヨーロッパ・オオライチョウやシャモアなどの希少種、それに、ヒグマやオオカミなども生息している。

自然遺産（登録基準(vii)(viii)(x)）　1980年／2005年

ルーマニア（2物件 ○2）

○ドナウ河三角州（Danube Delta）

ドナウ河三角州は、ルーマニア東部、黒海沿岸トゥルチャ県一帯。アルプス山脈とドイツのシュバルツバルト（黒森）を源流にし、東欧の8か国を流れて黒海に注ぐ、全長2860kmのヨーロッパ第2の長流である国際河川のドナウ河（英語ではダニューブ川）は、黒海の手前で聖ゲオルグ、スリナ、キリアの3つの大きな支流に分かれる。更に、分かれた無数の小川、湖沼が5470km²の雄大な大湿地帯—ドナウ・デルタを形成している。陸地面積は僅か13%であるが、葦の島、湖、蔦や蔓のからまる樫の森、砂丘が広がる。ここには、ペリカンなど300種の野鳥、カワウソ、ミンク、山猫、鹿、猪など数十種類の野生動物、チョウザメ、カワカマス、鯉、鯰など100種以上の魚類が生息する動植物のパラダイスで、生物圏保護区に指定されているほか、ラムサール条約の登録湿地にもなっている。

自然遺産（登録基準(vii)(x)）　1991年

○カルパチア山脈とヨーロッパの他の地域の原生ブナ林群
（Primeval Beech Forests of the Carpathians and Other Regions of Europe）

自然遺産（登録基準(ix)）　2007年／2011年／2017年
（ウクライナ／スロヴァキア／ドイツ／アルバニア／オーストリア／ベルギー／ブルガリア／クロアチア／イタリア／ルーマニア／スロヴェニア／スペイン）
→ウクライナ

ロシア連邦（11物件 ○11）

○コミの原生林（Virgin Komi Forests）

コミの原生林は、ウラル山脈の北方西麓の328万haにおよび地中の永久凍土が凍結したままのツンドラ、および、山岳地帯で、ヨーロッパ大陸で最も広大な亜寒帯森林地帯。コミの原生林の構成資産は、ユグド・ヴァ国立公園、ペチョラ・イリチ自然保護区、ヤクーシャ森林地区からなる。モミ、トトウヒ、エゾマツ、トドマツなどの針葉樹やポプラ、樺の木、泥炭地や河川、湖を含む広大な地域は、50年以上にわたり自然史研究の対象として研究され続け、ロシア語で、「北の原生林」という意味の針葉樹林帯のタイガに生息する動植物に影響を与える自然環境の貴重な証拠を提供してきた。ロシアで最初に登録されたユネスコ自然遺産である。

自然遺産（登録基準(vii)(ix)）　1995年

○バイカル湖（Lake Baikal）

バイカル湖は、シベリア南西部、アンガラ川をはじめ350もの河川が流入する水源にある。面積31500km²（琵琶湖の約50倍の大きさ）、最大幅79km、世界最深（1742m）、世界最古（2500万年前）の断層湖で、「シベリアの真珠」とも呼ばれる。バイカル湖は、世界の不凍淡水の20%を貯える豊かな淡水湖で、さけ漁が盛んであるが、水生哺乳類のバイカル・アザラシなど100を超えるバイカル生物群など固有種が多く、「ロシアのガラパゴス」ともいわれ、珍しい淡水魚等も生息する動植物の宝庫。一方、バイカル湖がある東南シベリアは、石炭、鉄鉱石、森林などの資源の宝庫であることでも有名であり、1984年には、バイカルーアムール鉄道が開通している。最近では、これらの資源開発による環境破壊、湖の周辺部に立地する紙パルプ工場などの工場排水によって、水力発電にも利用されている湖水に注ぎ込むセレンゲ川をはじめとするバイカル湖の水質汚濁の問題が深刻化しており、環境対策が急務となっている。バイカル湖への観光は、「シベリアのパリ」と呼ばれる美しい町並みを誇るイルクーツクからの半日ツアーを利用することが出来るが、この様な状況にあることも認識しておく必要がある。

自然遺産（登録基準(vii)(viii)(ix)(x)）　1996年

○カムチャッカの火山群（Volcanoes of Kamchatka）

カムチャッカの火山群は、カムチャッカ州（州都 ペトロパブロフスカ・カムチャッキー）のカムチャッカ半島にある。カムチャッカには、300以上の火山があり、そのうち10の活火山が今も活発に活動している、種類、広がりにおいて、世界で有数の火山地帯。最高峰のクリュチェフスカヤ火山（4835m 最近噴火1994年）や円錐形のクロノツキー火山（3528m）などを中心に5つの連なる火山帯をもつカムチャッカは、大陸塊のユーラシアプレートと太平洋プレートの間にある独特の景観を誇り、カラマツ、モミ、ヘラジカ、ヒグマなど野生動物の宝庫でもある。

自然遺産（登録基準(vii)(viii)(ix)(x)）
1996年／2001年

○アルタイ・ゴールデン・マウンテン
（Golden Mountains of Altai）

アルタイ・ゴールデン・マウンテンは、ゴビ砂漠の北のアルタイ共和国ゴルノ・アルタイ自治州にある山脈。南西シベリアの生物・地理学地域で、美しい山脈を形成しオビ川とその支流のイルチシ川の水源になっている。世界遺産登録地域は、水深325mの美しいテレスコヤ湖、最高峰のブラハ山（4506m）、ウコク高原の一帯の1611457haに及ぶ。この地域は、カラマツ、モミ等の針葉樹林を中心に、中央シベリアのステップ、森林ステップ、混合林、亜高山植物帯、高山植物帯の最も完全な連鎖で繋がり、ユキヒョウ、イヌワシ、カタジロワシなど絶滅危惧種の重要な生息地でもある。著名な科学者の中には、アルタイを野外博物館と呼ぶ人もいる。

自然遺産（登録基準(x)）　1998年

○西コーカサス（Western Caucasus）

西コーカサスは、黒海の北東50km、カフカス自然保護区とソチ国立公園を中心とするコーカサス山脈（カフカス山脈）の地域に広がる東西130km、南北50km、海抜250〜3360m、面積351620ha余りに及ぶヨーロッパでも数少ない人間の手が加えられていない広大な山岳地域。西コーカサスの亜高山帯から高山帯にかけて、オオカ

○ 自然遺産　◎ 複合遺産　★ 危機遺産

、ヒグマ、オオヤマネコ、シカなどの野生動物が生息
、低地帯から亜高山帯にかけての手つかずのオー
、モミ、マツの森林の広がりは、ヨーロッパでも稀で
る。西コーカサスは、コーカサス・ツツジなどの固有
種、レッドデータブックの希少種や絶滅危惧種にも記
されている貴重な植物や動物が生息するなど生物多
様性に富んでおり、ヨーロッパ・バイソンの亜種のバイ
ソン・ボナサスの発生地でもある。また、この地域には、
絶滅種のマンモス、オーロックス、野生馬の化石
ホモ＝サピエンス＝ネアンデルターレンシス(ネアン
デルタール人)の遺跡が数多く発見されている。
自然遺産 (登録基準(ix)(x))   1999年

○ビキン川渓谷 (Bikin River Valley)
ビキン川渓谷は、2001年に世界遺産登録された「シホ
テ・アリン山脈中央部」 (Central Sikhote-Alin) が登録
範囲を拡大し、登録遺産名も「ビキン川渓谷」へと変
わった。「ビキン川渓谷」は、「シホテ・アリン山脈
中央部」の北100kmの所にある。世界遺産の面積は、こ
れまでの3倍へと拡大し1,160,469haとなり、南オホー
ツク針葉樹林と東アジア針葉樹・広葉樹林を包含す
る。動物相は、中満州種に沿ったタイガ種、それに、
アムール・トラ (シベリア・トラ、ウスリー・トラと
も呼ばれる) 、シベリア・ジャコウジカ、クズリ、ク
マを含む。ちなみに、これまで登録されていたシホ
テ・アリン山脈中央部とは、ロシア南東部、沿海州、ナ
ホトカの北東およそ400km、日本海に面する高地に展開
する、シベリア・トラが棲む森林帯。最高峰は2003mと
それほど高くはないシホテ・アリン山脈は、アジア大
陸のなかではきわめて最近に誕生した。シホテ・アリン
山脈は7000万年から4500万年の間に造られた溶結凝灰
岩でおおわれている。シホテ・アリン山脈中央部のテル
ネイ地区は、シホテ・アリン自然保護区(401428ha)、テ
ルネイ北部の日本海岸は、動物保護区 (4749ha)に指定
されている。シホテ・アリン山脈中央部の自然は、シベ
リア南部を横断する山地帯の東南の端で、原始のまま
のカラマツ、エゾマツ、トドマツ、モミなどのタイガ
(針葉樹森林地帯)およびベリョースカ(白樺)とベリョ
ーザなどの広葉樹林の混交林が大森林地帯となってい
る。そして、ミミズク、オオカミ、クマ、それに、絶滅
の危機にさらされているアムール・トラ(シベリア・ト
ラ、ウスリー・トラとも呼ばれる)など野生動物の生
地としても知られている。シホテアリン山脈でいち
ばん大きな町は、鉱山町のダリネゴルスクである。
自然遺産 (登録基準(x))   2001年／2018年

○ウフス・ヌール盆地 (Uvs Nuur Basin)
自然遺産 (登録基準(ix)(x))   2003年
(モンゴル／ロシア)→モンゴル

○ウランゲリ島保護区の自然体系
(Natural System of Wrangel Island Reserve)
ウランゲリ島保護区の自然体系は、シベリアの最北東
端から140km、東シベリア海とチュクト海の間、シベリ
ア大陸からはロング海峡を挟んだ位置にあるウラン
ゲリ島760870ha、そして、ヒラルド島 1130ha、並びに周
辺海域である。ウランゲリ島の名前は、ロシアの探
検家フェルディナント・フォン・ウランゲル(1796年～
1870年) に由来している。ウランゲリ島は、タイヘイ

ヨウ・セイウチの生息数が世界最多、それに、北極熊の
生息が最も最適な島の一つである。また、メキシコの
「エル・ヴィスカイノの鯨保護区」(1993年世界遺産登
録)から回遊してくるコククジラの主要な餌場にもな
っている。また、絶滅の危機にある約100種類の渡鳥の
最北の繁殖地でもある。一方、維管束植物は、これま
でに、400以上の種・亜種が確認されている。また、
1989～1991年には紀元前2000年までのマンモスの牙、
歯、それに、骨が発見されている。ウランゲリ島は、
ウランゲル島、ランゲル島の日本語の表記もある。ウ
ランゲリ島への金属のドラム缶の廃棄物などによる環
境汚染、石油・ガスや鉱産物などの開発圧力による世
界遺産への脅威や危険が懸念されることから、2017年8
月12日、世界遺産センターとIUCN(国際自然保護連合)
は、現地調査の為、リアクティブ・モニタリング・ミッ
ションを派遣した。調査結果は、2018年の第42回世界
遺産委員会で報告される。
自然遺産 (登録基準(ix)(x))   2004年

○プトラナ高原 (Putorana Plateau)
プトラナ高原は、ロシアの中央部、中央シベリア平原
の北西端、北極海に突き出たタイミール半島の付け根
にある高原で、シベリア連邦管区のクラスノヤルスク
地方(旧・タイミール自治管区)に属する。中央シベリア
平原の大部分はカラマツを中心とした針葉樹の森に覆
われている。地質学的には、2億5000万年から2億5100
年前、ペルム紀と三畳紀の間に起こった巨大火山活動
で大量の溶岩が流れて形成された火成岩台地のシベリ
ア・トラップとして知られている。プトラナ高原の主
要部は、西にエニセイ川、東にコティ川の上・中流域、
北にヘタ川の中・下流域、南にツングースカ川で囲ま
れ、長さが500km以上、幅が約250kmの長方形の形をし
ている。プトラナ高原は、山岳の平均の高さが900～
1200m、最高点は、1701mのカメン峰で、峡谷の深さが
1500m、最も典型的な振幅の高さが800～1000mで、2005
年3月に、プトランスキー国家自然保護区に指定され
ている。ツンドラの自然美が美しく、世界最大級のトナ
カイの移動ルート上にあり、ビッグホーン(オオツノヒ
ツジ)の亜種の生息地でもある。
自然遺産 (登録基準(vii)(ix))   2010年

○レナ・ピラーズ自然公園 (Lena Pillars Nature Park)
レナ・ピラーズ自然公園は、ロシア連邦の北部、サハ共
和国の中央部を流れるレナ川の上流の河岸沿いにそび
える、奇観の石柱群である。これらの石柱群は、冬は
マイナス60度、夏は40度と100度の年間の温度差がある
大陸性気候によって形成された。高さが100m、長さが
数kmにわたるレナ・ピラーズ自然公園の地形は、「石の
森」とも呼ばれ、レナ川の流れのプロセスも石柱群の形
成に大きな影響を与えた。レナ・ピラーズ自然公園の地
質は、カンブリア紀の何種類もの化石の宝庫でもあ
り、それらの中にはユニークなものも含まれている。
自然遺産 (登録基準(viii))   2012年

○ダウリアの景観群 (Landscapes of Dauria)
自然遺産 (登録基準(ix)(x))   2017年
(モンゴル／ロシア)→モンゴル

○ 自然遺産 ◎ 複合遺産 ★ 危機遺産

世界遺産リストに登録されている自然遺産

〈北米地域〉

2か国（22物件 ○21 ◎1）

アメリカ合衆国 （13物件 ○12 ◎ 1）

○イエローストーン国立公園（Yellowstone National Park）

イエローストーン国立公園は、ワイオミング州北西部を中心に、一部はモンタナ州とアイダホ州にまたがる世界最初の国立公園で、1872年に指定された。イエローストーン国立公園は、ロッキー山脈の中央にある火山性の高原地帯で、80％が森林、15％が草原、5％が湖や川。1万近い温泉、約200の間欠泉、噴気孔の熱水現象などが3000m級の氷河を頂く山々、壮大な渓谷、大小の滝、クリスタルな湖と共に多彩な自然を織りなす。アメリカ・バイソン、バッファロー、エルク（大鹿）、ムース（ヘラ鹿）、狼、グリズリー（ハイイログマ）などの野生動物、200種以上の野鳥なども豊富だが、グリズリーなど絶滅に瀕した動物も多く1976年にはユネスコMAB生物圏に指定されている。1995年には周辺の鉱山開発の影響によるイエローストーン川の環境汚染のおそれから1995年に危機にさらされることに登録されたが、その後諸問題が解決した為、2003年に解除された。
自然遺産（登録基準(vii)(viii)(ix)(x)） 1978年

○エバーグレーズ国立公園 （Everglades National Park）

エバーグレーズ国立公園は、フロリダ半島の南部、オキチョビ湖の南方に広がり、1976年にユネスコMAB生物圏保護区（585867ha）、1987年にラムサール条約の登録湿地（566788ha）にも指定されている大湿原地帯。ソウグラス（ススキの一種）が一帯に広がる熱帯・亜熱帯性の動植物の宝庫で、サギやフラミンゴの生息地やマングローブの大樹林帯もある。野鳥、水鳥、水生植物が豊富な北部の幅80kmもあるシャークバレー大湿原には、ハクトウワシ、ベニヘラサギ、アメリカマナティ、フロリダピューマ、フロリダパンサー、ミシシッピワニなども生息している。1992年8月24日のハリケーンで大きな被害を被った。人口増や農業開発による水質汚染が深刻化、生態系の回復が望まれている。1993年に「危機にさらされている世界遺産」に登録されたが、保護管理状況が改善されたため、2007年危機遺産リストから解除された。しかしながら、水界生態系の劣化が継続、富栄養化などにより、海洋の生息地や種が減少するなど事態が深刻化している為、2010年の第34回世界遺産委員会ブラジル会議で、再度、危機遺産リストに登録された。
自然遺産（登録基準(viii)(ix)(x)） 1979年
★【危機遺産】 2010年

○グランド・キャニオン国立公園
（Grand Canyon National Park）

グランド・キャニオン国立公園は、アリゾナ州北西部のココニノ郡とモハーヴェ郡にまたがる。コロラド川がコロラド高原の一部であるカイバブ高原とココニノ高原を浸食して形成したマーブル峡谷からグランド・ウオッシュ崖までの長さ450km、最大幅30km、深さ1500mの壮大な大峡谷。世界遺産の登録面積は493,077haである。全体的には赤茶けて見えるが日の出と日の入りの景色は荘厳で美しい。断崖絶壁の谷底を流れるコロラド川の両岸の約1億年前に隆起した地層は最古層で20億年前

の先カンブリア紀、表層部で2.5億年前の二畳紀のものといわれ、貝類の化石から太古に海底であったことがわかる。紀元前500年頃から農耕を営んでいた先住民族の居住跡も見られる。イヌワシ、オオタカ、ハヤブサの雄姿が印象的。グランド・キャニオンは、1540年にスペインのカルデナス隊が発見した。また、グランド・キャニオンは、アメリカの大自然の象徴であり、世界七不思議の一つとしても有名である。
自然遺産（登録基準(vii)(viii)(ix)(x)） 1979年

○クルーエン／ランゲルーセントエリアス／
グレーシャーベイ／タッシェンシニ・アルセク
（Kluane/ Wrangell- St. Elias/ Glacier Bay /Tatshenshini-Alsek）

カナダのユーコン準州、合衆国のアラスカ州にまたがる山岳公園。クルーエン山脈地帯から動き出した世界最大級の氷河がアラスカ湾に崩れ落ちる雄大で美しい自然が特徴。北アメリカの屋根といわれるこれらの山々は、未開のツンドラと森林、他に類を見ない氷河と氷霜、1000以上の湖沼と激しい流れの河川を抱え、氷河期に形成された景観を今に残す。ヒグマ、コヨーテ、ハイイログマ、トナカイ、ヘラジカなどの動物や珍しい植物の宝庫。
自然遺産（登録基準(vii)(viii)(ix)(x)）
1979年／1992年／1994年 カナダ／アメリカ合衆国

○レッドウッド国立州立公園
（Redwood National and State Parks）

レッドウッド国立州立公園は、カリフォルニア州の北部から海岸線に沿って南北約80kmにわたり広がる面積425km²の森林地帯を中心とする国立州立公園。レッドウッドと呼ばれる樹皮が赤みを帯びた木（セコイアの一種で正式にはイチイモドキという）は、世界最古の樹木とされている。樹齢600年、周囲13.4mの世界一のレッドウッドの大木は、「ビッグ・ツリー」とよばれ、高さ112.1mあり、自立する樹木としては世界一の高さ。夏の濃霧と冬の多雨による湿潤な気候がレッドウッドの成育に適しており、かつてはカリフォルニア州北部の太平洋岸の広大な地域に分布していたが、無計画に伐採されてしまったために、その大半は失われた。その保護目的で登録された。
自然遺産（登録基準(vii)(ix)） 1980年

○マンモスケーブ国立公園
（Mammoth Cave National Park）

マンモスケーブ国立公園は、ケンタッキー州の中部にある世界最大級の巨大鍾乳洞を中心とした国立公園。地下水脈が造った鍾乳洞の総延長は320kmが確認済みだが、500kmを超えるともいわれている。地下60～100mにかけて広がる迷路のような洞内には、「マンモス・ドーム」と呼ばれる高さ59mにおよぶ空間や、「ボトムレスピット」と呼ばれる深い淵などがあり、ケンタッキードウツネズ、インディアナ・オヒキ・コウモリなど絶滅寸前の生物や盲目魚も4種類ほど確認されている。
自然遺産（登録基準(vii)(viii)(x)） 1981年

○オリンピック国立公園 （Olympic National Park）

オリンピック国立公園は、カナダ国境に近いワシントン州北西部、オリンピック半島北端にある面積3628k

世界遺産リストに登録されている自然遺産

の国立公園。標高2428mのオリンパス山を中心とする山岳地域、温和な気候の多雨林地帯、太平洋に面した海岸地帯の3つの地域からなる。特に太平洋岸には3種類の世界最大規模の針葉樹林(ヒノキ科のアラスカヒノキ、マツ科のベイツガ、アメリカトガサワラ)があり、開発を免れて保護されている。山岳地帯には、7つの氷河や峡谷、湖が散在し、ヘラジカ、アメリカクロジカなどの野生動物が見られる。現在、エルワ川に架かっていたエルワ・ダムとグラインズ・キャニオン・ダムの二つの大型ダムも撤去され、これまで遡上できなかったサケやマスが回帰、熊、ワシなどの動物との生態系も回復、また、この地に長年生活してきたクララム族の伝統文化も再生しつつある。

自然遺産(登録基準(vii)(ix))　1981年

○グレート・スモーキー山脈国立公園
(Great Smokey Mountains National Park)

グレート・スモーキー山脈国立公園は、ノース・カロライナ州とテネシー州の州境、アパラチア山脈の南部こあり、グレートスモーキー山脈を中心に延長110km、幅30kmに及ぶ。公園内には1800m級の山が25座連なり、温暖多湿の気候の為に立ち昇る霧がグレート・スモーキーの由来である。標高差が大きいため、多様な樹木と1300余種の顕花植物の植物分布が特徴。ミンク、ビーバーなどの毛皮獣も多数生息する。

自然遺産(登録基準(vii)(viii)(ix)(x))　1983年

○ヨセミテ国立公園 (Yosemite National Park)

ヨセミテ国立公園は、カリフォルニア州のシェラネバダ山脈中部にある。マーセド川が流れる巨大なヨセミテ渓谷を中心にして広がる花崗岩の岩山と森と湖からなる面積3083km²の広大な国立公園。氷河の彫刻ハーフドームと呼ぶ標高2695mの岩山、世界最大の花崗岩の一枚岩であるエル・キャピタンの岩壁(高さ914m)、落差が728mもあるヨセミテ滝などが壮大な姿を見せている。また、植物相も多彩で、麓のほうは多数の草花が自生している。樹齢3000年、幹の直径が10mもあるジャイアント・セコイアをはじめ、セコイア林などが広がる。動物は、クロクマ、ミュールジカ、ピューマ、リスなどが生息するが、ハイイログマやオオカミは絶滅してしまった。ヨセミテ国立公園は、アメリカでは最も人気のある国立公園のひとつで、年間400万人もの観光客が訪れる。

自然遺産(登録基準(vii)(viii))　1984年

○ハワイ火山群国立公園 (Hawaii Volcanoes National Park)

ハワイ火山群国立公園は、ハワイ州ハワイ島南東岸にある1916年に指定された国立公園である。ハワイ島(The Big Island)は、太平洋の真ん中にある8つの島で構成されるハワイ群島の最大の島で最もポリネシアの歴史をもつ。ハワイ火山群は、世界で最も激しい7000年にもわたる火山活動を続ける2つの火口をもつキラウエア火山(1250m)やマウナ・ロア火山(4170m)などの活火山が黒煙を上げ、真っ赤な熔岩を押し出している。ハワイ群島の最高峰のマウナ・ケア火山(4205m)は、白い山という意味の楯状火山で、氷食地形と氷河湖が残っている。冬期には降雪が見られ、空気が澄んでいるので星空が美しく見られる。世界遺産の登録面積は、マウナ・ロア山の頂上と南東の斜面、キラウエア火山の頂上

と南西、南、南東の斜面を含む92934haである。ハワイ火山群国立公園には、マングース、ヤギ、イノシシなどの野生動物や熱帯鳥類が生息しており、1980年にハワイ諸島生物圏保護区の一部になっている。

自然遺産(登録基準(viii))　1987年

○カールスバッド洞窟群国立公園
(Carlsbad Caverns National Park)

カールスバッド洞窟群国立公園は、ニューメキシコ州の南東部、グアダルーペ山脈の山麓にある石灰岩の大洞窟─鍾乳洞を中心とした国立公園で、面積は189km²。81もの洞からなる大鍾乳洞の総延長は40km、最深部は335mに達する。カールスバッド洞窟群国立公園の最大の見所は、地下229mにある「ビッグルーム」で世界最大規模といわれる。観光客に開放されているのは、2か所のみである。カールスバッド洞窟内には、多数のメキシコ・コウモリが生息しており、地名は「カール大帝の湯治場」の意。

自然遺産(登録基準(vii)(viii))　1995年

○ウォータートン・グレーシャー国際平和公園
(Waterton Glacier International Peace Park)

ウォータートン・グレーシャー国際平和公園は、カナダとアメリカ合衆国との国境に位置し、カナダ側は、アルバータ州の南西部にあるウォータートン・レイクス国立公園とアメリカ側は、モンタナ州とカナダのブリティッシュ・コロンビア州にまたがるグレーシャー国立公園が、アルバータとモンタナのロータリー・クラブの働きかけにより、1932年6月30日に、ひとつの公園として、世界初の国際平和公園法によって選ばれた。両者はカナダとアメリカの国境を隔てているが、自由に行き来できるツイン・パーク。それぞれ、ウォータートン湖とマクドナルド湖を擁する。「ロッキー山脈が大平原に出会うところ」のキャッチフレーズのように、大平原から急に険しくロッキー山脈が立ち上がる高山や氷河地形の景観は壮大。マウンティンゴート、ビッグホーン、コヨーテ、グリズリーなどの野生動物、多くの鳥類や植物が生息する。一方、ウォータートン・グレーシャー国際平和公園は、エルク・フラットヘッド渓谷での鉱山開発、気候変動による氷河の融解によって、脅威にさらされている。

自然遺産(登録基準(vii)(ix))　1995年
カナダ／アメリカ合衆国

◎パパハナウモクアケア (Papahānaumokuākea)

パパハナウモクアケアは、太平洋、ハワイ諸島の北西250km、東西1931kmに広がる北西ハワイ諸島とその周辺海域に展開する。2006年6月に、ジョージ・W・ブッシュ大統領によって、北西ハワイ諸島海洋国家記念物に指定され、2007年1月にパパハナウモクアケア海洋国家記念物に改名された。パパハナウモクアケアは、面積が36万km²、世界最大級の海洋保護区(MPA)の一つで、動物の生態や自然に関する研究を行う政府関係者のみが住み、一般人の立ち入りは禁止されている。北西ハワイ諸島では、パパハナウモクアケア海洋国家記念物は、陸域は少ないが、1400万を超える海鳥、それに、アオウミガメの産卵地であり、絶滅危機種であるハワイモンクアザラシの生息地でもある。また、パールアンドハームズ礁、ミッドウェー環礁、クレ環礁は、多種多

○ 自然遺産　◎ 複合遺産　★ 危機遺産

様な海洋生物の宝庫で、固有種が多い。パパハナウモクアケアは、大地に象徴される母なる神パパハナウモクと、空に象徴される父なる神ワケアを組み合わせたハワイ語の造語で、ニホア島 とモクマナマナ島は、ハワイの原住民にとっての聖地であり、文化的に大変重要な考古学遺跡が発見されている。米国海洋大気局（NOAA）、米国内務省魚類野生生物局（FWS）、ハワイ州政府の管轄で、無許可での船舶の通行、観光、商業活動、野生生物の持ち出しは禁止されている。
複合遺産（登録基準(iii)(vi)(viii)(ix)(x)）　2010年

カナダ（11物件 ○ 10 ◎ 1）

○ナハニ国立公園（Nahanni National Park）
ナハニ国立公園は、カナダ北西部のノースウエスト準州にあり、全面積は476560ha。公園内を蛇行するサウスナハニ川やフラット川が削り出した渓谷や落差100mもあるヴァージニア・フォールズ、深い鍾乳洞などが織りなす自然が美しい。厳しい自然環境と道なき原野は容易に人を寄せ付けず、現在でも飛行機か川を遡って行くしか手段がない。公園内に多くの温泉が湧き出ており、その為北緯60度以上の位置にありながら比較的穏やかな気候である。レア・オーキッドの群生をはじめ、地苔類260種、鳥類170種、ダル・シープ、マウンテンゴート、ハイイロオオカミ、北アメリカに住むシカの一種のカリブーなど40種以上の哺乳動物が生息する。
自然遺産（登録基準(vii)(viii)）　1978年

○ダイナソール州立公園（Dinosaur Provincial Park）
ダイナソール州立公園は、カルガリーの東140km、アルバータ州のバットランドと呼ばれる赤茶けた荒涼たる台地を曲流するレッドディア川に侵食された60km²の州立公園。太古の昔はこの一帯は亜熱帯性気候で、豊かな森林に覆われ多くの恐竜が生息していた。19世紀末以来、保存に適した環境により分解を免れた白亜紀初期の恐竜化石が60種も出土している。絶滅の危機にある猛禽類も生息する。大平原の中に剥き出しの奇岩が並ぶ不思議な風景は、SF映画のロケ地としても有名。
自然遺産（登録基準(vii)(viii)）　1979年

○クルエーン／ランゲルーセントエライアス／
グレーシャーベイ／タッシェンシニ・アルセク
（Kluane/ Wrangell- St. Elias/ Glacier Bay /Tatshenshini-Alsek）
自然遺産（登録基準(vii)(viii)(ix)(x)）
1979年／1992年／1994年（カナダ／アメリカ合衆国）
→アメリカ合衆国

○ウッドバッファロー国立公園
（Wood Buffalo National Park）
ウッドバッファロー国立公園は、カナダ北部、北極に程近い極寒の地にある総面積45000km²、世界最大の国立公園。ピース川とアサバスカ川が作り出す三角州は、水鳥の一大生息地で、内陸部としては稀有の塩分を含んだ世界有数のもの。氷や雪に侵食された高原、氷河作用により作られた平原などさまざまな光景が繰り広げられる。荒涼とした森林地帯には原始のままの動植物の生態系が残り、絶滅の危機に瀕するウッドバ

ッファロー（アメリカ・バイソン）やオオカミ、オオヤマネコ、ビーバーなどが生息している。
自然遺産（登録基準(vii)(ix)(x)）　1983年

○カナディアン・ロッキー山脈公園群
（Canadian Rocky Mountain Parks）
カナディアン・ロッキー山脈公園群は、南北に2000km走るロッキー山脈のカナダ部分で、アルバータ州とブリティッシュ・コロンビア州にわたる。東側山麓にあるカナダで一番古いバンフ国立公園、三葉虫の化石のバージェス頁岩で有名なヨーホー国立公園、深い針葉樹林と湖沼が美しいジャスパー国立公園、氷河が造り出した様々な地形を見ることができるクートネイ国立公園の4つの国立公園を擁する。コロンビア大氷河とキャッスル・ガード洞窟、ジャスパーのマリーン湖とマリーン峡谷は雄大で神秘的。ヘラジカ、オジロジカなどの草食動物やカナダオオヤマネコ、ピューマなどの肉食獣など約60種の哺乳類と300種余りの鳥類が確認されている。また、山地帯、亜高山帯、高山帯の植生帯があり、針葉樹や色とりどりの高山植物がたくましく生育している。

「バージェス頁岩」(1980年登録)は、この物件の一部と見なされ統合された。

自然遺産（登録基準(vii)(viii)）　1984年／1990年

○グロスモーン国立公園（Gros Morne National Park）
グロスモーン国立公園は、カナダの大西洋側、ニューファンドランド島西岸に広がる面積1800km²の国立公園。南部にあるテーブルランドと呼ばれる赤茶けた岩の台地は、プレートの活動により海底が地上700mも隆起してできたマントル。10億年以上もの地層がつくり出した断崖やフィヨルドが、雄大だが特異な景観をつづくる。島の内部に向かってするどく切れ込むフィヨルドの織り成す風景は、長い年月をかけて氷河の侵食作用がつくり上げた天然の芸術品である。高緯度で極寒の地にあるが、湿地が至る所に見られ、低地にも拘らず食虫植物、高山植物が見られる。
自然遺産（登録基準(vii)(viii)）　1987年

○ウォータートン・グレーシャー国際平和公園
（Waterton Glacier International Peace Park）
自然遺産（登録基準(vii)(ix)）　1995年
（カナダ／アメリカ合衆国）→アメリカ合衆国

○ミグアシャ国立公園（Miguasha National Park）
ミグアシャ国立公園は、ケベック州のガスペ半島の南片にある面積87.3haの古生物学上、重要な公園。ミクアシャ国立公園は、「魚類の時代」と呼ばれる新古生代のデヴォン紀の世界で最も顕著な化石発掘地とされている。3億7千万年前のデヴォン紀の魚類とされている種のうち、6種の化石がここの地層で発見されている。最初に四足歩行し空気呼吸をし脊椎動物へと進化した保存状態が良い肺魚のユーステノプテロンなどの化石標本数が世界随一であることでも極めて重要である。これらの化石は、自然史博物館に展示されている。
自然遺産（登録基準(viii)）　1999年

○ジョギンズ化石の断崖（Joggins Fossil Cliffs）
ジョギンズ化石の断崖は、カナダの東部、ノバ・スコシア州のファンディ湾沿いにある世界遺産の核心地域の

○ 自然遺産　◎ 複合遺産　★ 危機遺産

世界遺産リストに登録されている自然遺産

総面積が689haに面した古生物の遺跡である。3.54億年から2.9億年前の石炭紀の豊富な化石の為、「石炭紀のガラパゴス」と表現されている。ジョギンズ化石の断崖の岩は、地球史におけるこの時代の証しであると考えられており、世界で最も地層が厚く最も理解できる3.18億年から3.03億年前の化石の陸上での生活がわかるペンシルバニア断層の記録である。これらには、初期の動物の遺物や痕跡、それに、住んでいた雨林が含まれている。高さ23m、総延長14.7kmの崖からは、3億8000万年以上前の地球の姿を物語る膨大な量の植物や動物、貝などの化石が発見されている。満潮と干潮の差が15m以上になることもあるファンディ湾の激しい海水の流れに浸食されて露出した崖に、樹木が立っていたままの形で化石となっているところを見ることが出来る。1851年には、この化石化した木の中に小さな爬虫類の化石が入っているものが発見された。ヒロノマス（Hylonomous）と名付けられたこの爬虫類は30センチほどの大きさであるが、恐竜の祖先と考えられており、爬虫類としては最古のものである。ジョギンズ化石の断崖は、96属148種の化石、それに20の足跡群など3つの生態系の化石が豊富に集まっている。ジョギンズ化石の断崖は、地球史における主要な段階を代表する顕著な見本である。ジョギンズ化石の断崖へは、ハリファックスから車で約3時間。モンクトンから車で約1時間で行くことが出来る。

自然遺産（登録基準（viii）　2008年

○**ミステイクン・ポイント**（Mistaken Point）
ミステイクン・ポイントは、カナダの東部、ニューファンドランド・ラブラドル州のニューファンドランド島のアバロン半島東南端で1967年にインドの留学生シヴァ・バラク・ミスラによって最初に発見された約5億5,000万〜5億6,000万年前の化石群集である。1987年に生物圏保護区に指定されたミステイクン・ポイントの世界遺産の登録面積は、細長い17kmの海岸線の146ha、バッファー・ゾーンは74haで、先カンブリア時代末期に棲息していたエディアカラ紀の多様かつ豊富な生物群化石である。出土する化石の古さや多彩さを誇る地形・地質が評価された。

自然遺産（登録基準（viii））　2016年

○**ピマチオウィン・アキ**（Pimachiowin Aki）
ピマチオウィン・アキは、カナダの中央部、マニトバ州とオンタリオ州にまたがる北米最大のタイガ（亜寒帯針葉樹林）の自然環境と古来の伝統文化を誇る先住民集落の伝統的な土地（アキ）である。世界遺産の登録面積は2904,000ha、バッファーゾーンは5,926,000ha、ピマチオウィン・アキとは、狩猟採集漁撈民である先住民族のアニシナベ族（オジブワ族）の言語で「生命を与える大地」という意味である。世界遺産の登録範囲には、彼らが伝統的な生活を営んでいた伝統的な土地と呼ばれる土地を含んでおり、不平等な条約によって、先住民の伝統的な土地はカナダに割譲された。その見返りとして、彼らは、狭い居留地・保留地と財政的援助が与えられた。しかしながら、彼らは自治へと向けて歩み出している。ピマチオウィン・アキは、2016年の第40回世界遺産委員会では、専門機関のICOMOSとIUCNから登録勧告をされていたが、5つの民族のひとつであるピカンギクム族が建設が計画されて

いるバイポールⅢと呼ばれる送電線のルートに関する問題で、自分たちの土地への影響を懸念し、世界遺産の支援からの撤退を表明したことから情報照会決議となった珍しい事例であるが、先住民族と州との自然保護の協力が成立し世界遺産登録を実現した。

複合遺産　登録基準（(iii)(vi)(ix)　2018年

〈カリブ・ラテンアメリカ地域〉
18か国（45物件 ○38 ◎7）

アルゼンチン共和国（5物件 ○5）

○**ロス・グラシアレス国立公園**
（Los Glaciares National Park）
ロス・グラシアレス国立公園は、パタゴニア地方の南部、コロラド川を境にして南緯40度以南からチリ国境アルヘンティーノ湖までの約4500km²の自然保護区で、国立公園に指定されている。グラシアレスとは、スペイン語で「氷河」という意味。広大なナンキョク・ブナの森や平原からなり、南極大陸、グリーンランドに次ぐ世界で3番目の面積をもつ氷河地帯である。国立公園の北側には、標高3375mのフィッツ・ロイ山がそびえるが、大半は1000m以下の台地が広がる。最大の氷河は琵琶湖ほどの大きさのウプサラ氷河で、面積は約600km²。また、ペリト・モレノ氷河は今も活発に活動を続けている唯一の氷河。氷河が崩落して氷山になるという珍しい光景が見られる。この氷河の流れる速さは、1年に600〜800mで、他の氷河に比べると（通常は1年に数m）非常に速い速度で流れている。この地方ではパタゴニア特有の動植物が多く生息する。グアナコ、ハイイロギツネ、ヌートリアやマゼランキツツキ、クロハラトキなど貴重な生物も多い。

自然遺産（登録基準（vii）(viii)）　1981年

●**グアラニー人のイエズス会伝道所：サン・イグナシオ・ミニ、ノエストラ・セニョーラ・デ・ロレト、サンタ・マリア・マジョール（アルゼンチン）、サン・ミゲル・ミソオエス遺跡（ブラジル）**
（Jesuit Missions of the Guaranis: San Ignacio Mini, Santa Ana, Nuestra Senora de Loreto and Santa Maria Mayor（Argentina）, Ruins of Sao Miguel das Missoes（Brazil）)
グアラニー人のイエズス会伝道所は、イエズス会宣教師が17世紀から18世紀にかけて、先住民グアラニー族への布教のために、ブラジル・アルゼンチン国境に築いた教化集落遺跡。1983年にブラジルのサン・ミゲル・ダス・ミソンイスが登録され、1984年にアルゼンチンのサンタ・マリア・ラ・マヨール、サン・イグナシオ・ミニ、ノエストラ・セニョーラ・デ・サンタ・アナ、ノエストラ・セニョーラ・デ・ロレトが追加登録され、併せてひとつの物件となった。1609年、イエズス会の若き宣教師たちは、ラプラタ地方にレドゥクシオンと呼ばれるインディオ教化集落を建設し、共同生活を営んでいた。しかし商人の襲撃やインディオから利益供与を受けている

○ 自然遺産　◎ 複合遺産　★ 危機遺産

世界遺産リストに登録されている自然遺産

との疑いをかけられ、イエズス会は西へと移動した。ブラジル、アルゼンチン、パラグアイの国境が接するあたりのウルグアイ川とパラナ川にはさまれた数百kmにのびる密林地域は布教活動の拠点となり、一時は1万人余の人々が暮らしていた。しかし1767年にスペイン王のイエズス会追放令により、集落は放棄され荒れはてた。最も賑わったとされるサン・イグナシオ・ミニには、ヨーロッパのバロック様式とインディオの建築様式が混じり合った独自の装飾が残る。その他、日干し煉瓦造りの教会、礼拝堂、学校、住宅、作業場、倉庫などの伝道施設の跡が、かつての活況を物語っている。

文化遺産（登録基準（iv））　1983年／1984年
アルゼンチン／ブラジル

○**イグアス国立公園**（Iguazu National Park）
イグアス国立公園は、南米のアルゼンチンとブラジル二国にまたがる総面積492000km²の広大な森林保護地で、金色の魚ドラド、豹、鹿、小鳥、昆虫や蘭、草花など多様な動植物が生息している。なかでも、国立公園内にある総滝幅4km、最大落差約85mの世界最大級のスケールと美しさを誇るイグアスの滝は世界的にも有名。イグアスとは、「偉大な水」の意味で、滝の数は大小合わせて300以上、大瀑布が大音響と共に繰り広げる豪壮な水煙のパノラマは圧巻で、しばしば、空には美しい虹がかかる。川の中央でアルゼンチン側とブラジル側にわかれ、それぞれが登録時期も異なる為に（ブラジルは1986年登録）、二つの物件として世界遺産に登録されている。

自然遺産（登録基準（vii）（x））　1984年　→ブラジル

○**ヴァルデス半島**（Peninsula Valdes）
ヴァルデス半島は、チュブト州東部にあるサン・ホセ湾とヌエボ湾に囲まれた面積39万haの半島。ヴァルデス半島は、パタゴニアの海洋哺乳動物の保護にあたって世界的に大変重要な地域。絶滅の危機にさらされているセミクジラ、ゾウアザラシ、マゼランペンギン、固有種のパタゴニア・アシカ、海鳥なども生息している。また、ヴァルデス半島周辺のシャチは、ユニークな方法で獲物を捕ることでも知られている。観光化が危機因子にもなっている。

自然遺産（登録基準（x））　1999年

○**イスチグアラスト・タランパヤ自然公園群**
（Ischigualasto/Talampaya Natural Parks）
イスチグアラスト・タランパヤ自然公園は、アルゼンチンの中央、シエラパンペアナス山脈の西側の砂漠地帯のサンホァン州リオッハにある。イスチグアラスト州立公園とタランパヤ国立公園は、隣接する自然公園で、面積は27万5,300haを超えて広がる。地質学史の三畳紀（2億4,500万～2億800万年前）から現代に遺された大陸化石の記録が、最も完璧な形で発見されている。これらの自然公園で見られる6段階の地質形成から現代生物の祖先にあたる種の化石が広範にわたって発見され、脊椎動物の進化と三畳紀という古代環境での自然が明らかにされた。なかでも、イスチグアラスト月の谷での、ディノザウルスの足跡や化石の発見は、2億年

も前に生息していた恐竜の存在を裏付けている。
自然遺産（登録基準（viii））　2000年

○**ロス・アレルセス国立公園**
（Los Alerces NationalPark）
ロス・アレルセス国立公園は、アルゼンチンの南部、チュプト州の西部、パタゴニア北部のアンデス山脈の南部の活発な活動を続ける火山地帯にあり、西側はチリの国境と接する国立公園で1937年に指定された。世界遺産の登録面積は188,379ha、バッファー・ゾーンは207,313haと、連続したロス・アレルセス自然保護区（71,443ha）と追加の地域（135,870ha）を構成する。連続する氷河作用は、モレーン、氷河圏谷、淡水湖群などの様に目を見張る様な景観を創造した。植生は、岩地のアンデス山脈の峰々のもと高山草原へ移行するブナやヒノキの深い温帯林が支配する。ロス・アレルセス国立公園は、原生的なパタゴニア森林が保護され、アレルス・カラマツやパタゴニア・ヒバなど動植物の固有種や絶滅危惧種の生息地である。

自然遺産（登録基準（vii）（x））　2017年

ヴェネズエラ・ボリバル共和国
（1物件　○1）

○**カナイマ国立公園**（Canaima National Park）
カナイマ国立公園は、ヴェネズエラ南部ギアナ高地の世界屈指の秘境で、1962年に国立公園に指定された。およそ20億年前に形成された地殻が隆起し、侵食によってテーブル状に硬い部分が残ったテーブル・マウンティンが100以上も存在する。むきだしの岩は、地球上で最も古い地層のひとつのロライマ層。カナイマ国立公園は、ギアナ高地の中心部を形成し、主要なテーブル・マウンティンも集中している。大きく蛇行するカラオ川の上流に、先住民が「悪魔の家」と恐れていたアウンヤンテプイと呼ばれるテーブル・マウンティンがあり、そこから落差979mもあるアンヘル（エンジェル）の滝が流れ落ちている。3000km²にも及ぶ広大なサバンナと熱帯林と、垂直に切り立った絶壁に囲まれた地形のため、独自の進化を遂げた動植物（4000種以上の顕花植物、ベニコンゴウインコ、オオハシ、ヤマアラシ、ジャガー、ヤマネコなど）が生息する。

自然遺産（登録基準（vii）（viii）（ix）（x））　1994年

エクアドル共和国（2物件　○2）

○**ガラパゴス諸島**（Galápagos Islands）
ガラパゴス諸島は、エクアドルの西方960kmの太平洋上にある19の島からなる火山群島。ガラパゴスは、スペイン語の「ガラパゴ」（陸ガメの意）に由来している。諸島の成立は数百万年前。主島のイサベラ島、サンタ・クルス島をはじめとする島々は、現在も活発な火山活動を続けている。ガラパゴス諸島の誕生以来、どこの大陸とも隔絶された環境の中、ゾウガメ、リクイグ

世界遺産リストに登録されている自然遺産

ー、ウミイグアナ、ウミトカゲ、グンカンドリ、ペンギン、ガラパゴスコバネウなど独自の進化を遂げた動植物が数多く生息する。チャールズ・ダーウィンの進化論の島として有名なこの諸島は、現在も世界中の研究者に貴重な生物学資料を提供している。2001年に登録範囲が拡大され、ガラパゴス海洋保護区が含められた。2007年に、外来種の移入、観光客と移住者の増加などの理由から、「危機にさらされている世界遺産リスト」に登録されたが、外来種の駆除など保護措置の強化によって事態が改善された為、2010年の第34回世界遺産委員会ブラジル会議で、危機遺産リストから解除された。2011年3月11日に日本で起きた東日本大震災による津波の余波は18時間後にサンタ・クルス島プエルト・アヨラに到達、チャールズ・ダーウィン研究所の海洋生物研究棟等に被害が出た。

自然遺産（登録基準(vii)(viii)(ix)(x)）
1978年／2001年

○サンガイ国立公園（Sangay National Park）

サンガイ国立公園は、エクアドルの首都キトから約178kmのところにある中部アンデス高地からアマゾン源流域までの517765ha、標高800〜5000mの広大な国立公園。サンガイ国立公園には、サンガイ山(5230m)、アルタ―山(5139m)、ツングラグア山(5016m)の3つの活火山が活動している。サンガイ活火山の高山地帯から亜熱帯性雨林の密林地帯に及ぶ地域特性は、ハチドリ、イワドリなどの鳥類、サル、オオカワウソなどの動物、アストロメリアなどの植物など豊かな生態系を育み、コンドル、ヤマバク、メガネグマなど絶滅が危惧されている稀少動物が生息している。道路建設、都市開発、密などの理由により1992年に「危機遺産」に登録された為、人為的な脅威からの改善措置が講じられた為、2005年に「危機遺産リスト」から解除された。

自然遺産（登録基準(vii)(viii)(ix)(x)）　1983年

キューバ共和国（2物件 ○2）

○デセンバルコ・デル・グランマ国立公園
（Desembarco del Granma National Park）

デセンバルコ・デル・グランマ国立公園は、キューバ島南西端のグランマ州にある。デセンバルコ・デル・グランマ国立公園は、地球上でも、地形の特徴、地質の変化の過程を知る上での重要な事例の一つであり、1986年に、国立公園に指定されている。キューバ南部西端に突き出たクルス岬一帯の地形は、西大西洋に接する海岸線の断崖景観、それに海抜360mから180mまで延びる石灰岩の海岸段丘が特徴的である。デセンバルコ・デル・グランマ国立公園は、地質学的には、カリブ・プレートと北アメリカ・プレートの間にある活断層層

自然遺産（登録基準(vii)(viii)）　1999年

○アレハンドロ・デ・フンボルト国立公園
（Alejandro de Humboldt National Park）

アレハンドロ・デ・フンボルト国立公園は、首都ハバナの東南東約780km、キューバ東部のバラコア山などカリブ海に面する山岳と森林の諸島にある。アレハンドロ・デ・フンボルト国立公園には、典型的な熱帯林が広がり、約100種の植物が見られる。ここには、12の固有種を含む64種の鳥類が見られ、また、キューバ・ソレノドンなど稀少生物の最後の聖域。ここで有名なのが固有種のカタツムリの一種である陸棲軟体生物ポリミタス(学名POLYMITAS PICTA)で、地球上で最も美しいカタツムリと言われている。殻の直径は2〜3cmで、黄、赤、黒、白のラインが渦巻いている。また、この一帯は自然保護区にも指定されている。

自然遺産（登録基準(ix)(x)）　2001年

グアテマラ共和国（1物件 ◎1）

◎ティカル国立公園
（Tikal National Park）

ティカル国立公園は、グアテマラ北東部のペテン州の熱帯林にある高度な石造技術を誇るマヤ文明の最大最古の都市遺跡で、1955年に国立公園に指定された。ティカルには、紀元前から人が住み、3〜8世紀には周辺を従え、マヤ文明の中心になったと考えられている。海抜250mの密林の中に、中央広場を中心に、「ジャガー」、「仮面」、「双頭の蛇」などと名付けられた階段状のピラミッド神殿群、持送り式アーチ構造の宮殿群などを結ぶ大通り、漆喰による建築装飾、マヤ文字が彫られた石碑(ステラ)の建立など、マヤ古典期の初めから中心的存在として栄えたが、10世紀初めに起こった干ばつを乗り越えることが出来ず、他の低地にあるマヤ諸都市と同様に放棄された。ティカルは、テオティワカン文化＜「テオティワカン古代都市」(メキシコ)1987年 世界遺産登録＞の強い影響を受けていることも特徴のひとつである。ティカル遺跡の全体は、小さな建造物群が散在する部分を含めると120km²の広さに4000以上の建造物の遺跡を数え、都市域は、約16km²に及ぶ。また、ティカルは、熱帯の森林生態系、それに、オオアリクイ、ピューマ、サル、鳥類などの生物多様性が豊かで、1990年にユネスコのマヤ生物圏保護区に指定されている。

複合遺産（登録基準(i)(iii)(iv)(ix)(x)）　1979年

コスタリカ共和国（3物件 ○3）

○タラマンカ地方ーラ・アミスター保護区群
　　　／ラ・アミスター国立公園
（Talamanca Range-La Amistad Reserves/ La Amistad National Park）

タラマンカ地方ーラ・アミスター保護区群／ラ・アミスター国立公園は、コスタリカとパナマの国境をなすタラマンカ地方の自然保護区・国立公園。総面積5654km²。中央アメリカ最大規模の熱帯雨林地帯、雲霧林、高原地帯、火山など変化に富んだ地形と気候をもつ国境地帯は、絶滅が懸念されるケツアルなどの鳥類や美しいモルフォ蝶など貴重な昆虫、動植物の宝庫で、世界でも有数の生態系を誇る。1983年にコスタリカ側のラ・アミスタ

一自然保護区群が登録され、1990年にはパナマ側のラ・アミスター国立公園が追加登録されて、2国にまたがる世界遺産となった。タラマンカ地方―ラ・アミスター保護区群／ラ・アミスター国立公園は、水力発電の為のダム建設などの脅威にさらされている。

自然遺産（登録基準(vii)(viii)(ix)(x)）
1983年／1990年　コスタリカ／パナマ

○ココ島国立公園（Cocos Island National Park）
ココ島国立公園は、コスタリカの南西550kmに浮かぶ東部太平洋地域で唯一の熱帯雨林帯を持つ火山島で、太平洋最大の無人島でもあるココ島にある。ココ島は、北赤道海流の通過地点で周辺は海鳥が飛び交う豊かな漁場であり、また、動植物の固有種の宝庫でもあり生物学研究の理想的な環境。特に海中生物は豊富で、海中公園内では、シュモクザメ、マンタ、マグロ、イルカなどの回遊魚を見学でき、海洋生態の研究に適している。ココ島は、常緑の森林で覆われ、年間7000mmもの降水量と島内の湧き水のため、切り立った崖から幾筋もの白い滝が海面に向かって垂直に落ちる景観を目のあたりにすることができる。ココ島は、世界でも指折りのダイビング・スポットで多くのダイバーが訪れるがキャンプなどは禁止されている。ココ島は、3人の海賊の財宝伝説の島としても有名になった。アメリカのフロリダ州のマイアミにココ島研究センターがある。

自然遺産（登録基準(ix)(x)）　1997年／2002年

○グアナカステ保全地域
（Area de Conservación Guanacaste）
グアナカステ保全地域は、コスタリカの北西部、グアナカステ州とアラジュエラ州にまたがっている。グアナカステ保全地域は、火山地帯も含む陸域の104000ha、海域の43000haからなる。グアナカステ保全地域には、植物群落、絶滅寸前の種や珍種の宝庫。多様な生物相を保護するこの重要な原生地では、内陸性、海洋性の両方の自然環境での生態系の変化を見ることができる。その変化には、太平洋熱帯乾燥林の進化、推移などの過程や、また、ウミガメの産卵、サンゴの群落の移動などが見られる。2004年に陸域のサンタ・エレナ保護区（15800ha）が登録範囲に含められた。

自然遺産（登録基準(ix)(x)）　1999年／2004年

コロンビア共和国　(3物件 ○2 ◎1)

○ロス・カティオス国立公園
（Los Katios National Park）
ロス・カティオス国立公園は、コロンビア北西部チョコ県、パナマと国境を接する丘陵地、草原、森林を含む面積720km²の国立公園。1974年に国立公園となり、1980年にはより広い地域を保護区とした。パナマのダリエン国立公園と続いており、広大な保護区域となっている。アトラト川とその支流流域に、熱帯雨林のジャングルが広がる。変化に富んだ環境の為にインコ、カワセミ、オオハシ、ハチドリ、ナマケモノ、ヤマアラシ、

マントホエザル、アルマジロ、ジャガーやピューマなどの鳥獣類や珍しい昆虫類、また水の吸収をよくするため根が板状になったカポックノキなど多種多様な動植物が育まれている。植物の25%はこの地方の固有種である。100万年前の氷河期でも、熱帯雨林は消滅しないで生き残り、太古の種の存続を可能にした。このことを旧約聖書の物語に因んで「ノアの方舟の法則」と呼んでいる。ロス・カティオス国立公園は、近年、不法な木材の伐採による世界遺産地域内外の森林破壊、それに、不法な密漁や密猟による被害が深刻化しており、コロンビア政府は、世界遺産委員会に国際的な支援を要請、2009年に「危機遺産リスト」に登録されたが、改善措置が講じられた為、2015年の第39回世界遺産委員会ボン会議で、「危機遺産リスト」から解除された。

自然遺産（登録基準(ix)(x)）　1994年

○マルペロ動植物保護区
（Malpelo Fauna and Flora Sanctuary）
マルペロ動植物保護区は、バジェデルカウカ地方、コロンビアの海岸の沖合い506kmにある面積350haのマルペロ島と周辺の海域857150haからなる。この広大な海洋公園は、東太平洋の熱帯地域最大の禁漁区であり、国際的な海洋絶滅危惧種にとって重大な生息地であり、主要な栄養源は、海洋の生物多様性の大きな集合体をもたらしている。特に、サメ、巨大なハタ類にとっては、自然の"貯水槽"であり、ノコギリザメ、深海ザメが生息する世界でも数少ない場所の一つである。絶壁や顕著な自然美の洞窟群がある為、世界でも屈指のダイビングの島として広く知られ、深海には、大型な捕食動物と外洋種(200以上の シュモクザメ群、1000以上のクロトガリザメ群、ジンベイザメ群、それにマグロの集合体)が生息している。

自然遺産（登録基準(vii)(ix)）　2006年

◎チリビケテ国立公園―ジャガーの生息地
（Chiribiquete National Park "The Maloca of the Jaguar"）
チリビケテ国立公園―ジャガーの生息地は、コロンビアの中央部、ギアナ生物地理学的地域の西端のグアビアーレ県のソラノにあるコロンビア・アマゾンの秘境である。世界遺産の登録面積は278,354ha、バッファーゾーンは3,989,683haである。文化的には先史時代の岩陰遺跡や岩絵が残る。チリビケテ国立公園の面積は、約1,280,000haで、コロンビアでは最大の広がりを有する国立公園システムの保全ユニットである。地球上の最古の岩層の一つであるギアナ高地、公園の中心部を流れるメサイ川とクナレ川の2つの主な川を通じて。高さが50〜70mもある滝がある 先住民の言葉で「神の住む場所」を意味する「テプイ」の頂上から流れ落ちるアパポリス川、ヤリ川、ツニア川などの急流は、この場所に類いない美しさをもたらす。

複合遺産　登録基準（(iii)(ix)(x)）　2018年

ジャマイカ　(1物件 ◎1)

◎ブルー・ジョン・クロウ山脈
（Blue and John Crow Mountains）

ブルー・ジョン・クロウ山脈は、ジャマイカの南東部、コーヒーの銘柄ブルーマウンテンで知られるブルーマウンテン山脈とジョン・クロウ山脈などを含む保護区で、文化的には、奴隷解放の歴史と密接に結びついていることが評価され、自然的には、カリブ海諸島の生物多様性ホットスポットとして、固有種の地衣類や苔類の植物などが貴重であることが評価されたジャマイカ初の世界遺産である。ジャマイカ島のブルーマウンテン山脈の中に、白人支配下の農場から脱出した逃亡奴隷が造り上げたコミュニティがある。アフリカからジャマイカ島に連れて来られた黒人が、奴隷として白人の農場で働かされていた17世紀初頭、白人達に反旗を翻した逃亡奴隷達は、マルーンと呼ばれた。「ムーア町のマルーン遺産」は、2008年に世界無形文化遺産に登録されている。

複合遺産（登録基準(iii)(vi)(x)）　2015年

スリナム共和国（1物件　○1）

○中央スリナム自然保護区
（Central Suriname Nature Reserve）

中央スリナム自然保護区は、国土の中央部の熱帯原生自然地域の160万haからなる南米で最も大きな自然保護区の一つである。中央スリナム自然保護区は、1998年に国連財団などの支援のもとに、スリナム政府によって、3つの保護地区を合併して創設された。中央スリナム自然保護区は、原始の手付かずの状態の為、コペナーメ川の上流域を守り、原生状態を保ったギアナ・シールドの広い地形と保全価値の高い生態系を保っている。低山帯と低地の森林は、6000種にも及ぶ維管束植物の多様性を包含している。また、この地域特有のジャガー、オオアルマジロ、オオカワウソ、ナマケモノ、バク、8種の霊長類、それに、400種の鳥類が生息している。

自然遺産（登録基準(ix)(x)）　2000年

セント・ルシア（1物件　○1）

○ピトン管理地域（Pitons Management Area）

ピトン管理地域（PMA）は、セントルシアの南西地域のスフレノ町の近くにある。ピトン管理地域は、面積2909ha（陸域保護地域 467ha、陸域多目的地域 1567ha、海洋管理地域 875ha）の自然保護区で、海岸から700m以上の高さに聳える大ピトン火山（777m）と小ピトン火山（743m）が含まれる。ピトン管理地域は、硫黄の噴気孔や温泉のある地熱地帯で、海中にはサンゴ礁が展開し、168種の魚類をはじめ多くの海生生物が生息している。また、海岸付近には、タイマイ、沖合には、クジラも見られ、陸地部分の湿潤林は、熱帯性から亜熱帯へと変化を見せる。8種類の稀少な樹種が生息する森林には、固有の鳥類や哺乳類も生息している。ピトン

管理地域は、2001年の計画開発法の下に、2002年に設定された。
自然遺産（登録基準(vii)(viii)）　2004年

ドミニカ国（1物件　○1）

○トワ・ピトン山国立公園
（Morne Trois Pitons National Park）

トワ・ピトン山国立公園は、小アンティル諸島のウィンドワード諸島の北端にある中新世の時代の火山活動で出来た火山島であるドミニカの南央部、首都ロゾーから13kmの高原にある。3つの高峰を持つトワ・ピトン山（海抜1342m モューンは山の意）を中心に蒸気と硫黄ガスが造り出す不毛の自然景観と緑鮮やかな熱帯雨林が対照的に広がり、その面積は、68.7km²に及ぶ。なかでも、切り立った崖と深い渓谷の中に50余りの噴気孔、沸き立つ温泉や温泉湖、澄みきった湖、5つの火山、滝などが存在し、科学的にも興味をそそられる特有の植物相や動物相など豊富な生物群をもつ。なかでも、ハチドリなどの鳥類、カブトムシなどの昆虫類が数多く生息している。1975年にドミニカ初の国立公園になり、また、東カリブ海域では、最初にユネスコ自然遺産に登録された物件。
自然遺産（登録基準(viii)(x)）　1997年

パナマ共和国（3物件　○3）

○ダリエン国立公園（Darien National Park）

ダリエン国立公園は、パナマ東部、コロンビア国境に接するダリエン地方にあるパナマ最大の自然公園。コロンビアのロス・カティオス国立公園（世界遺産登録済）に連なる密林地帯で、道路や鉄道さえ通っていない未開の地。そのため動植物などの生態系の研究は、全体を網羅するに至っていない。海岸地帯のマングローブ林、ヤシの林のある湿地、低地の熱帯雨林から山地の雲霧林まで変化に富んだ環境の中で、動植物の生態系は豊富。しかし、オウギワシ、カピバラ、アカクザル、パナマジャガーなど絶滅の危機に瀕した動植物も多い。
自然遺産（登録基準(vii)(ix)(x)）　1981年

○タラマンカ地方ーラ・アミスター保護区群／
　ラ・アミスター国立公園
自然遺産（登録基準(vii)(viii)(ix)(x)）
1983年／1990年
（コスタリカ／パナマ）→コスタリカ

○コイバ国立公園とその海洋保護特別区域
（Coiba National Park and its Special Zone of Marine Protection）

コイバ国立公園は、パナマの南西海岸の沖合い、ベラグアス県の太平洋側にあるコイバ島と38の小島群、それにチリキ県のチリキ湾内の周辺海域を保護する海洋公園。コイバ国立公園は、総面積が270125ha、陸域面積が

世界遺産リストに登録されている自然遺産

53528ha、海域面積は216543haと世界最大級の海洋保護地域。コイバ国立公園の太平洋岸の熱帯湿潤林は、未だに独自の進化を遂げて新しい種が形成されており、哺乳類、鳥類、そして、植物の固有種の生態系を維持しており、カンムリワシの様な危機にさらされている動物にとっても最後の楽園でもある。コイバ国立公園とその海洋保護特別区域は、科学的な調査にとって顕著な自然の研究室であり、760種の魚種、33種のサメ類、クジラやイルカの海棲哺乳類の通行と生き残りにとって、東太平洋の熱帯にとって主要な生態学的連携を提供するもので、生物多様性の保全上も重要な地域である。

自然遺産（登録基準（ⅸ）（ⅹ）　2005年

ブラジル連邦共和国
（8物件　○7　◎1）

○イグアス国立公園（Iguaçu National Park）
イグアス国立公園は、南米のアルゼンチンとブラジル2国にまたがる総面積492000km²の広大な森林保護地で、金色の魚ドラド、豹、鹿、小鳥、昆虫や蘭、草花など多様な動植物が生息している。なかでも、国立公園内にある総滝幅4km、最大落差約85mの世界最大級のスケールと美しさを誇るイグアスの滝は世界的にも有名。イグアスとは、「偉大な水」の意味で、滝の数は大小合わせて300以上、大瀑布が大音響と共に繰り広げる豪壮な水煙のパノラマは圧巻で、しばしば、空には美しい虹がかかる。川の中央でアルゼンチン側ミシオネス州とブラジル側パラナ州にわかれ、それぞれが登録時期も異なる為に（アルゼンチンは1984年登録、登録面積55,000ha）、2つの物件として世界遺産に登録されている。ブラジル側の登録遺産（登録面積170,086ha）は、無計画な公園を分断する道路建設による遺産への脅威から1999年に「危機遺産」に登録されたが、2001年に解除された。

自然遺産（登録基準（ⅶ）（ⅹ）　1986年
→アルゼンチン

○ブラジルが発見された大西洋岸森林保護区
（Discovery Coast Atlantic Forest Reserves）
ブラジルが発見された大西洋岸森林保護区は、ブラジルの北東部のバイーア州とエスピリ・サント州にまたがる大西洋岸にある。世界遺産登録地域は、111930haで、熱帯森林や灌木地帯からなる8つの保護区で構成され植生も多様。ブラジルの大西洋沿岸に広がる雨林地帯は、世界屈指の生物の多様性を誇る。この保護区は、固有の植物や動物が分布しており、生物進化の過程を解明する手掛かりを種々提供し、科学者の興味を惹きつける重要な地域である。モンテ・パスコール国立公園の中の美しい海岸ポルト・セグロは、ポルトガルの冒険家ペドロ・アルバレス・カブラルが、1500年にブラジルを最初に発見したゆかりの地としても有名。ブラジル発見の様子は、カブラルに同行したペロ・ヴァス・デ・カミーニャの手紙に詳しく述べられており、その手

紙は世界の記憶に登録され、ポルトガル国立公文書館（リスボン）に収蔵されている。

自然遺産（登録基準（ⅸ）（ⅹ）　1999年

○大西洋森林南東保護区
（Atlantic Forest South-East Reserves）
大西洋森林南東保護区は、パラナ州とサンパウロ州の両州にまたがる大西洋岸にある。大西洋森林南東保護区は、ブラジルの大西洋岸森林としては、最大級、最良質の森林数か所を含んでいる。大西洋森林南東保護区は、総面積が47万余ヘクタールにもなる25の保護区から構成されている。ジャガー、カワウソ、アリクイなどの絶滅危惧種をはじめとする動植物の宝庫であり、現存する大西洋岸森林の進化の歴史を見せてくれる。深い森に覆われた山々から低地の湿地帯まで、さらに沿岸に浮かぶ島々には山がそびえ、砂丘が続いており、美しい風景と豊かな自然環境が印象的である。

自然遺産（登録基準（ⅶ）（ⅸ）（ⅹ）　1999年

○中央アマゾン保護区群
（Central Amazon Conservation Complex）
中央アマゾン保護区群は、アマゾナス州、ネグロ川流域のアマゾン中央平原にある。ジャウ国立公園は、アマゾン盆地で最大の国立公園であり、地球上で最も豊富な生態系を有する地域のひとつといわれている。1986年にジャウ川の全流域を保護するために国立公園の指定を受け、面積は609.6万ha（そのうち現在の世界遺産登録面積は、532.3万ha）という広さである。ジャウ川は、「ブラックウォーター型生態系」の典型として知られている。ジャウの名称は、川で有機物質が分解されることおよび土砂の沈殿が無いことが理由で、水が黒っぽいことから名づけられたといわれている。中央アマゾン保護区群は、ジャウ川流域盆地のみならず、このブラックウォーター水系に培われる生物相の大半を保護対象としている。世界遺産には、当初「ジャウ国立公園」として登録されたが、その後、アマナ持続可能な開発保護区とママイラウア持続可能な開発保護区を含める登録範囲の拡大に伴い、登録名も「中央アマゾン保護区群」に変更された。

自然遺産（登録基準（ⅸ）（ⅹ）　2000年／2003年

○パンタナル保護地域（Pantanal Conservation Area）
パンタナル自然保護区は、ブラジル中西部のマット・グロッソ州の南西及びマット・グロッソ・ド・スール州の北西にある。パンタナル自然保護区は、総面積が187817818haで、パンタナル・マットグロッソ国立公園など地域に区切られた自然保護区の集合で、世界でも最大級の淡水湿地生態系の一つであるマット・グロッソ大湿原の一部を構成している。雨期になるとこの湿原はほとんどが水没するが、この地域の主要河川であるクーヤバ川とパラグアイ川の源流に発しており、多様な植物や動物の生態系を見ることができる。

自然遺産（登録基準（ⅶ）（ⅸ）（ⅹ）　2000年

○ブラジルの大西洋諸島：フェルナンド・デ・ノロニャ

とロカス環礁保護区

（Brazilian Atlantic Islands:Fernando de Noronha and Atol das Rocas Reserves）

ブラジルの太平洋諸島：フェルナンド・デ・ノロニャ島とロカス環礁保護区は、ペルナンブコ州フェルナンド・デ・ノロニャ島、サンショ海岸、ポルコス海岸、レオン海岸などを有する21の島々からなるフェルナンド・デ・ノロニャ多島海とロカス環礁からなる。多島と環礁からなるこの一帯の海は、鮪、鮫、海亀、海鳥など繁殖地や生育地として、きわめて重要な地域。世界のダイバーあこがれのスポットとしても有名である。視界は水深50mまで見渡せ、エイなどの魚はもちろん、カメ、イルカ、サンゴ礁なども共存している。ここはほとんどが岩場で、常に水温25度前後の暖かい海。1月から7月までサンショ海岸では、カメの産卵のために午後6時から翌朝6時まで立ち入り禁止となる。この様子は岸壁の上から観察可能である。

自然遺産（登録基準(vii)(ix)(x)）　2001年

セラード保護地域：ヴェアデイロス平原国立公園とエマス国立公園

（Cerrado Protected Areas:Chapada dos Veadeiros and Emas National Parks）

セラード保護地域は、ブラジルの中央高原からアマゾンや北方にも展開する国土の4分の1を占める草原地。セラード保護地域には、幾重にも連なる山々、高原、渓谷があり、これらの地域すべてに滝や大小の川が流れている。セラードは、乾燥しつつも湿気のある草地、川岸の草木、渓谷の森林、密集した雑木林など、森と大草原の混生、断層壁の草木などが代表的な特。ヴェアデイロス平原国立公園は、ゴイアス州のセラード・エコ地域にある高原で、16億年前の太古の時代にここから植物の種がプレト川などに流れ、アマゾンの豊穣な熱帯林を生んだと言われている。幻想的な光景が魅力的な「月の谷」も有名。一方、エマス国立公園はゴイアス州の灌木地帯にあり、その名の通りエマ（ダチョウに似た大きな鳥）、ツカーノ・アスーなどの鳥類はじめ絶滅危惧種を含む動物の宝庫である。これらの地域は、地球上の生物多様性を保持していく上で、きわめて重要な地域である。

自然遺産（登録基準(ix)(x)）　2001年

パラチとイーリャ・グランデ文化と生物多様性

（Paraty and Ilha Grande – Culture and Biodiversity） *New*

パラチ文化と生物多様性は、ブラジルの南東部、リオデジャネイロ州とサンパウロ州にまたがる複合遺産。パラチは、大西洋のイーリャ・グランジ湾に面したリオデジャネイロ州の最南西の港町で、18世紀にミナス・ジェライス州で採掘されていた金を19世紀にはサンパウロ州の東部のヴァレ・ド・パライバ地域からコーヒーをポルトガルに運ぶための積出港として発展、「黄金の道」の重要な港であった。ドーレス教会、ヘメジオス教会、イグレジャ・デ・サンタ・ヒータ教会をはじめ、石畳の道や18〜19世紀に建てられたコロニアル様式の美しい建造物が数多く残っている。

登録面積が 204,634ha、バッファーゾーンが 258,921ha、構成資産は、セーハ・ダ・ボカイーナ国立公園、イーリャ・グランデ州立公園、プライアド・スル生物圏保護区、カイリュク環境保護地域、パラチの歴史地区、モロ・ダ・ヴィラ・ヴェーリャの6件からなる。ボッカイノ山脈を背にしたパラチは、この地方特産の魚の名前からその名がついたといわれ、この小さなポルトガルの植民地の町であった旧市街は、1966年に歴史地区に指定され国立歴史遺産研究所（IPHAN）によって保護されている。

複合遺産（登録基準(v)(x)）　2019年

ベリーズ　(1物件　○ 1)

○ベリーズ珊瑚礁保護区

（Belize Barrier Reef Reserve System）

ベリーズ珊瑚礁は、ユカタン半島南部、変化に富んだ海岸から20〜40kmの所にある世界第2位の珊瑚礁。世界遺産の登録範囲は、ベリーズ地区、スタン・クリーク地区、トレド地区にまたがり、バカラル運河国立公園と海洋保護区、ブルー・ホール、ハーフ・ムーン・キー天然記念物、サウス・ウオーター・キー海洋保護区、グローヴァーズ・リーフ海洋保護区、ラーフイング・バード・キー国立公園、サポディラ・キーズ海洋保護区の7つの構成資産からなる。真珠をちりばめた様に点在する小島は、珊瑚礁で出来ており、キー(caye)と呼ばれ、その数は175以上といわれる。また、ライトハウス・リーフの中にある、深さ直径共に約300mある「海の怪物の寝床」と呼ばれるブルー・ホールは、ひときわ美しく神秘的である。また、ベリーズ珊瑚礁保護区（BBRS）には、数百の珊瑚礁から出来た小島群、マングローブ林、汽水域、ウミガメの産卵地など、自然景観、生態系、生物多様性に恵まれている。しかしながら、ベリーズ珊瑚礁保護区では、マングローブの伐採、それに世界遺産登録範囲内での過度の開発が深刻化、2009年の第33回世界遺産委員会セビリア会議で、「危機にさらされている世界遺産リスト」に登録されていたが、改善措置が講じられた為、第42回世界遺産委員会マナーマ会議で危機遺産リストから外れた。

自然遺産（登録基準(vii)(ix)(x)）1996年

ペルー共和国　(4物件　○ 2　◎ 2)

◎マチュ・ピチュの歴史保護区

（Historic Sanctuary of Machu Picchu）

マチュ・ピチュは、インカ帝国の首都であったクスコの北西約114km、アンデス中央部をウルバンバ川が流れる鮮やかな熱帯雨林に覆われた山岳地帯、標高2280mの自然の要害の地にあるかつてのインカ帝国の要塞都市。空中からしかマチュ・ピチュ（老いた峰）とワイナ・ピチュ（若い峰）の稜線上に展開する神殿、宮殿、集落遺跡、段々畑などの全貌を確認出来ないため、「謎の空中都市」とも言われている。総面積5km²の約半分は斜

面、高さ5m、厚さ1.8mの城壁に囲まれ、太陽の神殿、王女の宮殿、集落遺跡、棚田、井戸、排水溝、墓跡などが残る。日時計であったとも、生贄を捧げた祭壇であったとも考えられているインティワタナなど高度なインカ文明と祭祀センターが存在したことがわかる形跡が至る所に見られ、当時は、完全な自給自足体制がとられていたものと思われる。アメリカの考古学者ハイラム・ビンガムが1911年に発見、長らく発見されなかったためスペインの征服者などからの侵略や破壊をまぬがれた。また、マチュ・ピチュは、段々畑で草を食むリャマの光景が印象的であるが、周囲の森林には、絶滅の危機にさらされているアンデス・イワドリやオセロット、それに、珍獣のメガネグマも生息している。2008年の第32回世界遺産委員会ケベック・シティ会議で、森林伐採、地滑りの危険、無秩序な都市開発と聖域への不法侵入の監視強化が要請された。2010年1月24日、マチュ・ピチュ遺跡付近で、豪雨による土砂崩れが発生、クスコに至る鉄道が寸断され、日本人観光客を含む約2000人が足止めされた。
複合遺産（登録基準(i)(iii)(vii)(ix)）　1983年

○ワスカラン国立公園（Huascarán National Park）
ワスカラン国立公園は、ペルーの中西部、アンカシュ県にあるコルディエラ・ブランカ山脈を中心とする国立公園で、世界遺産の登録面積は340,000haである。ブランカ山脈は、標高6768mの最高峰のワスカラン山を中心に、6000m級の高峰40近くを擁する全長200kmもの山群で、一帯には氷河や多くの氷河湖をもつ「南米のスイス」と呼ばれ、その自然景観と地形・地質を誇る。ワスカラン国立公園には、アンデス・コンドルをはじめピューマ、ピクーニャ、メガネグマ、オジロジカ、ペルー・ゲマルジカなどが生息し、またプーヤと呼ばれるアンデス固有のパイナップル科のアナナスも自生している。
自然遺産（登録基準(vii)(viii)）　1985年

○マヌー国立公園（Manú National Park）
マヌー国立公園は、アマゾン川支流のマヌー川の熱帯雨林、湿原地帯、低地、高原、3000m級の山岳地帯を含む、総面積が150万haに及ぶペルー最大の国立公園で、1975年に国立公園に指定された。ペッカリー、オオアリクイ、オオアルマジロ、オセロット、アカシカ、カピバラ、バク、ウーリーモンキーなどの動物、絶滅の危機にあるジャガー、エンペラータマリン、そして、ベニコンゴウインコ、ハチドリなど850種の鳥類が生息する。また、アマゾンからアンデスにかけての標高の変化に伴い数多くの種類の動植物が見られる。マヌー国立公園のうちの9割は、ペルーアマゾンの学術研究区域として、立ち入り禁止となっている。
自然遺産（登録基準(ix)(x)）　1987年／2009年

◎リオ・アビセオ国立公園（Río Abiseo National Park）
リオ・アビセオ国立公園は、ペルー中西部のアンデス山脈やアマゾン川源流域のアビセオ川と熱帯雨林の深い

ジャングルに囲まれた自然公園とプレインカ時代の遺跡。リオ・アビセオ国立公園の原生林には、黄色尾毛、メガネ熊、ヤマバク、オオアルマジロ、ジャガーなどの固有種や絶滅危惧種などの貴重な動物、ハチリ、コンゴウインコ、オニオオハシなどの鳥類、それに、各種の蘭をはじめ、パイナップル科、イネ科、ラ科、それに、シダ類など5000種以上の植物の宝庫となっている。また、住居跡が残るグラン・パハテン遺跡やロス・ピンテュドス遺跡など36もの約8000年前のプレインカ時代の遺跡も発掘されているが、未だに多くは手つかずのままで、今後の調査研究が待たれている。リオ・アビセオ国立公園は、伐採や開墾を免れた数少ない秘境で、世界で最も人が近づきにくい自然公園の一つであるが、周辺農民による家畜の放牧や森林火災などの保護管理上の課題がある。
複合遺産（登録基準(iii)(vii)(ix)(x)）　1990年／1992年

ボリヴィア多民族国（1物件　○1）

○ノエル・ケンプ・メルカード国立公園（Noel Kempff Mercado National Park）
ノエル・ケンプ・メルカード国立公園は、ボリヴィア北西部、アマゾン川流域最大級(152.3万ha)の自然が手かずの状態で残っている国立公園。海抜200mから1000m近くまでという標高差のため、セラードのサバンナ、森林地帯から高地アマゾンの常緑樹林帯まで、動植物の生息分布がモザイク状に豊富に見られる。この国立公園が誇るのは、ここに残された10億年以上前のカンブリア期にまで遡る生物進化の歴史。ノエル・ケンプ・メルカード国立公園には、植物が4000種、鳥類が600種以上分布しているほか、世界的に絶滅の危機にさらされている多種の脊椎動物が存続可能な個体数を保っている。
自然遺産（登録基準(ix)(x)）　2000年

ホンジュラス共和国（1物件　○1）

○リオ・プラターノ生物圏保護区（Río Plátano Biosphere Reserve）
リオ・プラターノ生物圏保護区は、ユカタン半島北部、カリブ海に流れ込むプラターノ川流域のモスキティアに広がる3500km²におよぶ密林地帯。リオ・プラターノ生物圏保護区の大半は標高1300m以上の山岳であるが、河口付近のマングローブの湿地帯や湖、熱帯・亜熱帯林、また、草原地帯などの変化に富んだ環境の為に、アメリカ・マナティー、ジャガー、オオアリクイ、アメリカワニ、コンゴウインコなど多様な動植物が見られ、1980年に中米で最初のユネスコMAB生物圏に指定されている。近年、密猟や入植による動植物の生存が危ぶまれ、1996年に「危機にさらされている世界遺産」に登録されたが、保護管理状況が改善されたため、200年解除された。しかし、リオ・プラターノ生物圏保護区を取り巻く保全環境は、密猟、違法伐採、土地の不

拠、密漁、麻薬の密売、水力発電ダムの建設計画、〜理能力や体制の不足や不備などによって悪化。2011〜の第35回世界遺産委員会パリ会議で、再度「危機遺産〜スト」に登録された。

自然遺産（登録基準(vii)(viii)(ix)(x)）　1982年
【危機遺産】　2011年

メキシコ合衆国 （8物件　○6　◎2）

シアン・カアン （Sian Ka'an）

〜アン・カアンは、ユカタン半島東部沿岸のキンタナ・〜ー州に広がる自然保護区。総面積は約5300km²で、カ〜ブ海大礁湖の支脈でもある珊瑚礁、岸辺の広大なラ〜ーン（潟）、背後の熱帯雨林からなる。シアン・カアン〜、マヤ語で「天空の根源」を意味する。かつてはこの〜域にマヤの集落が存在したが、今は、一部でマヤ系先〜民が暮らすだけで、生態的にはほとんど手つかずの〜然が残っている。マヤ人が「聖なる泉」としてあがめ〜セノーテと呼ばれる無数の泉が湧く一帯は、多様な〜態系をもち、熱帯多雨林、混交林、沖積地、熱帯草〜、海水と淡水とが混じる沼沢地、マングローブ林、砂〜湿地帯、平坦な島々など多くの植生域に分類されて〜。ラグーンにはアメリカマナティーやウミガメ、ア〜リカグンカンドリ、海域にはカワウやペリカン、熱〜林にはベアードバク、オジロジカ、ペッカリー、シロ〜など多種多様な野生動物が生息し、マングローブ〜マホガニーなど約1200種類もの植物が成育する熱帯〜林の楽園である。1986年に自然保護区に指定されて〜来、条例により営利目的の漁労や狩猟や樹木の伐採〜厳しく制限されてきているが、保護区に隣接する観〜リゾート地カンクンのために、海水が汚染されてき〜おり、自然破壊が問題視されている。

自然遺産（登録基準(vii)(x)）　1987年

エル・ヴィスカイノの鯨保護区
（Whale Sanctuary of El Vizcaino）

〜ル・ヴィスカイノの鯨保護区は、バハ・カリフォルニ〜半島のセバスティアン・ヴィスカイノ湾とヴィスカイ〜半島の周辺に位置する。エル・ヴィスカイノは、プラ〜クトンなどが豊富な生態系に恵まれた海域で、毎年〜月から翌年2月にかけて、北太平洋のベーリング海か〜長旅をしてきた鯨が姿を現わす。特に、エル・ヴィス〜ノの鯨保護区は、巨大なコククジラが交尾と出産〜行う貴重な繁殖地として、また、温暖なのでシロナ〜スクジラなども越冬地としてこの海域に集まるサン〜チュアリー（聖域）である。太平洋の沿岸をゆったり〜遊泳する親子クジラの雄姿が見られる。また、エ〜ル・ヴィスカイノの鯨保護区は、コククジラのほかゾ〜アザラシ、アオウミガメ、タイマイなど、IUCN（国〜自然保護連合）のレッド・データブックの絶滅の危機〜さらされている貴重な海域である。近〜、ホエール・ウオッチングの観光客の増加などによ〜、海水汚染などの環境悪化が懸念されている。ま〜、日本企業がこの地に計画している製塩工場の建設〜ついて、メキシコ、米国などのNGO（非政府機関）が

が、環境汚染の恐れが生じるという理由から反対運動を展開、世界遺産委員会京都会議でも議論に上った。エル・ヴィスカイノに行くには、ゲレロ・ネグロ、或は、ラ・パスが拠点となる。

自然遺産（登録基準(x)）　1993年

◎カンペチェ州、カラクムルの古代マヤ都市と熱帯林保護区
（Ancient Maya City and Protected Tropical Forests of Calakmul, Campeche）

カンペチェ州、カラクムルの古代マヤ都市と熱帯林保護区は、メキシコの南部、カンペチェ州のカラクムル市にある。カラクムルは、ユカタン半島の中南部の熱帯林の奥にある重要な古代マヤ都市の遺跡で、1931年に発見された。カラクムルは、ティカルと並ぶほどの規模の都市で、1200年以上もの間この地域の都市・建築、芸術などの発展に主要な役割を果たした。カラクムルに残されている多くのモニュメントは、都市の政治的、精神的な発展に光明を与えたマヤ芸術の顕著な事例である。カラクムルの都市の構造と配置の保存状態はきわめてよく、古代マヤ文明の時代の首都の生活の様子や文化が鮮明にわかる。また、この物件は、世界三大ホットスポットの一つであるメキシコ中央部からパナマ運河までの全ての亜熱帯と熱帯の生態系システムを含むメソアメリカ生物多様性ホットスポット内にあり、自然遺産の価値も評価された。第38回世界遺産委員会ドーハ会議で、登録範囲を拡大、登録基準、登録遺産名も変更し、複合遺産として再登録した。

複合遺産（登録基準(i)(ii)(iii)(iv)(vi)(ix)(x)）　2002年／2014年

○カリフォルニア湾の諸島と保護地域
（Islands and Protected Areas of the Gulf of California）

カリフォルニア湾の諸島と保護地域は、メキシコ北部、カリフォルニア半島とメキシコ本土に囲まれた半閉鎖性海域のカリフォルニア湾の240以上の島々と9か所の保護地域からなる。コロラド川河口からトレス・マリアス諸島に至るこの地域は、多様な海洋生物が豊富に生息し、また、独特の地形と美しい自然景観を誇る。また、カリフォルニア湾内の島々は、オグロカモメ、アメリカオオアジサシなどの海鳥の重要な繁殖地として機能しているほか、カリフォルニア・アシカ、クジラ、イルカ、シャチ、ゾウアザラシなど海棲哺乳類の回遊の場になっている。このほかにも、北部には、コガシラネズミイルカなどの絶滅危惧種など多くの固有種が生息しているが密漁による生態系と生物多様性への影響が深刻であることから危機遺産リストに登録された。

自然遺産（登録基準(vii)(ix)(x)）　2005年
★【危機遺産】　2019年

○オオカバマダラ蝶の生物圏保護区
（Monarch Butterfly Biosphere Reserve）

オオカバマダラ蝶（モナルカ蝶）の生物圏保護区は、メキシコ中央部、メキシコ・シティの北西約100kmの山岳

高山地帯の森林保護区の一帯に位置し、56259haが生物圏保護区である。毎年秋には北アメリカの各方面から何百万、何億の美しいオオカバマダラ蝶が戻り、森林保護区のごく限られた地域に群生する。その為オヤメルと呼ばれるメキシコ特有のモミの木々がオレンジ色に変わって美しい自然景観を呈し、群集する重さで枝が曲がる程である。オオカバマダラ蝶は、春には米国の東部やカナダの南部方面へ8か月もの間、移動する。この間、四世代のオオカバマダラ蝶が生まれては死ぬ。オオカバマダラ蝶は、最初で最後の一回限りの渡りをし、翌年に舞い戻るオオカバマダラ蝶は、その孫やひ孫である。冬には南方へ渡るものと思われるが、彼らは何処で、どの様に越冬するのか、そして再び、この地にどの様にして舞い戻ってくるのかは謎のままである。オオカバマダラの生息地が減少しつつあり、メキシコの大統領は、1986年、オオカバマダラ蝶の生物圏の保護の為に5箇所の保護区を設定した。

自然遺産（登録基準(vii)）　2008年

●エル・ピナカテ／アルタル大砂漠生物保護区
(El Pinacate and Gran Desierto de Altar Biosphere Reserve)
エル・ピナカテ／アルタル大砂漠生物圏保護区（EPGDABR）は、メキシコの北西部、ソノラ州のソノラ砂漠にある国立生物保護区で、コア・ゾーンの面積が714,566ha、東、南、西の周囲のバッファー・ゾーンは、763,631haである。ソノラ砂漠は、北米四大砂漠(チワワ砂漠、グレートベーズン砂漠、モハベ砂漠)の一つである。エル・ピナカテ／アルタル大砂漠生物圏保護区は、東西の2つの部分からなる。一つは、東側の赤黒く固まった溶岩流と砂漠で形成されたエル・ピナカテ休火山の楯状地である。エル・エレガンテ・クレーターには大きな円形の火山のクレーターがある。もう一つは、西側のソノラ砂漠の主要部分の一つであるアルタル大砂漠である。アルタル大砂漠には、高さが200mにも達する北米で唯一の変化に富み砂模様が美しい移動砂丘地帯がある。エル・ピナカテ／アルタル大砂漠生物圏保護区

は、これらのドラマチックで対照的な自然景観、グレーター・ソノラ砂漠保護生態系、それに、固有種のソノラブロングホーンなどの動物、オオハシラサボテン(現地名サワロ)などの植物など生物多様性が特色である。

自然遺産（登録基準(vii)(viii)(x)）　2013年

●レヴィリャヒヘド諸島
(Archipiélago de Revillagigedo)
レヴィリャヒヘド諸島は、メキシコの南西部、太平洋に面するコリマ州マンサニージョ市に属し、バハカリフォルニア半島南端のサンルカス岬の南西部にある。火山やそれが生み出す地形と周囲の海が織りなす自然景観、地形・地質および希少な海鳥を含む生態系、生物多様性などが評価された。世界遺産の登録面積は、636685ha、バッファー・ゾーンは、14186420haである。レヴィリャヒヘド諸島の構成資産は、サンベネディクト島、ソコロ島、ロカパルティダ島、クラリオン島の4つの火山島や岩礁からなる。有人島であるソコロ島は、メキシコのガラパゴスとして知られ、巨大マンタ、ザトウクジラ、イルカ、サメなどが見られる。ソコロ島の海軍基地の演習、豚、羊、ウサギ、猫、ネズミなどの侵略的動物が世界遺産を取巻く危険や脅威になっている。

自然遺産（登録基準(vii)(ix)(x)）　2016年

●テワカン・クィカトラン渓谷　メソアメリカの起源となる環境
(Tehuacan-Cuicatlan Valley: originary habitat of Mesoamerica, Mexico)
テワカン・クィカトラン渓谷　メソアメリカの起源となる環境は、メキシコの南東部、プエブラ州の南東部とオアハカ州の北部にまたがる生物圏保護区である。世界遺産の登録面積は145,255ha、バッファーゾーンは344,932ha、構成資産はサポティトゥラン-クィカトラン、サン・ファン・ラヤ、プロンの3つからなる。テワカン・クィカトラン渓谷は初期のトウモロコシ栽培が行われた土地でありメソアメリカの原生的な生息地である。

複合遺産（登録基準(iv)(x)）　2018年

レヴィリャヒヘド諸島（メキシコ）
自然遺産（登録基準(vii)(ix)(x)）　2016年

自然遺産　キーワード

- Area of nominated property　登録範囲
- Authenticity　真正性、或は、真実性
- Biodiversity　生物多様性
- Biogeographical Region　生物地理地区
- Biosphere Reserve　生物圏保護区
- Boundaries　境界線（コア・ゾーンとバッファー・ゾーンとの）
- Buffer Zone　バッファー・ゾーン（緩衝地帯）
- Community　地域社会
- Comparative Analysis　比較分析
- Comparison with other similar properties　他の類似物件との比較
- Components　構成資産
- Conservation and Management　保全管理
- Convention on Biological Diversity（略称　CBD）　生物多様性条約
- Core Zone　コア・ゾーン（核心地域）
- Criteria for Inscription　登録基準
- Cultural and Natural Heritage　複合遺産
- Ecosystem　生態系
- Ecotourism　エコツーリズム
- Environmental Education　環境教育
- Geological formation　地質学的形成物
- Habitat　生息地
- Integrity　完全性
- International Cooperation　国際協力
- IUCN　国際自然保護連合
- Juridical Data　法的データ
- Monitoring　モニタリング（監視）
- National Park　国立公園
- Natural beauty　自然美
- Natural Heritage　自然遺産
- Outstanding Universal Value　顕著な普遍的価値
- Periodic Reporting　定期報告
- Preserving and Utilizing　保全と活用
- Protected Areas　保護地域
- Reinforced Monitoring Mechanism　監視強化メカニズム
- Serial nomination　シリアル・ノミネーション（連続性のある）
- State of Conservation　保全状況
- Threatened species　絶滅危惧種
- Transboundary nomination　トランスバウンダリー・ノミネーション（国境をまたぐ）
- World Heritage　世界遺産
- World Heritage Committee　世界遺産委員会
- World Heritage Fund　世界遺産基金
- World Heritage in Danger　危機にさらされている世界遺

世界遺産リストに登録されている自然遺産

危機遺産リストに登録されている世界自然遺産

カリフォルニア湾の諸島と保護地域（メキシコ）
自然遺産（登録基準(vii)(ix)(x)）　2005年
★【危機遺産】　2019年

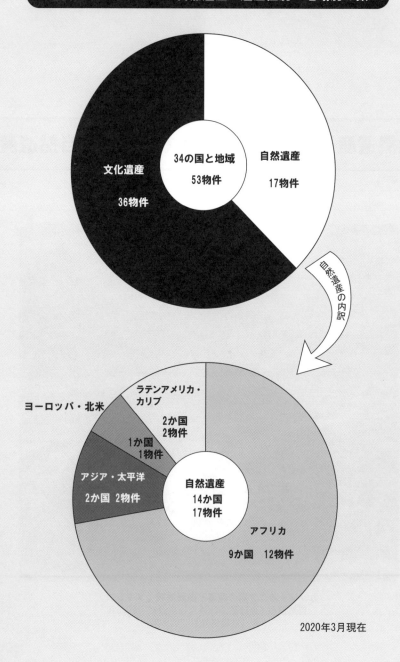

危機にさらされている自然遺産　遺産種別・地域別の数

文化遺産

36物件

34の国と地域
53物件

自然遺産

17物件

自然遺産の内訳

ラテンアメリカ・カリブ

2か国
2物件

ヨーロッパ・北米

1か国
1物件

アジア・太平洋

2か国　2物件

自然遺産
14か国
17物件

アフリカ

9か国　12物件

2020年3月現在

世界遺産を取り巻く危険や脅威

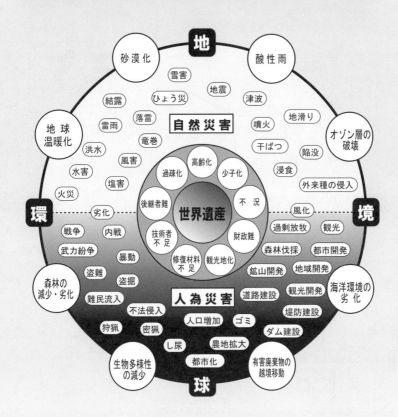

自然遺産の確認危険と潜在危険

(1) **確認危険** 遺産が特定の確認された差し迫った危険に直面している、例えば、

  a. 法的に遺産保護が定められた根拠となった顕著で普遍的な価値をもつ種で、絶滅の危機に
    さらされている種やその他の種の個体数が、病気などの自然要因、或は、密猟・密漁などの人為的
    要因などによって著しく低下している

  b. 人間の定住、遺産の大部分が氾濫するような貯水池の建設、産業開発や、農薬や肥料の使用を含む
    農業の発展、大規模な公共事業、採掘、汚染、森林伐採、燃料材の採取などによって、遺産の自然美
    や学術的価値が重大な損壊を被っている

  c. 境界や上流地域への人間の侵入により、遺産の完全性が脅かされる

(2) **潜在危険** 遺産固有の特徴に有害な影響を与えかねない脅威に直面している、例えば、

  a. 指定地域の法的な保護状態の変化

  b. 遺産内か、或は、遺産に影響が及ぶような場所における再移住計画、或は、開発事業

  c. 武力紛争の勃発、或は、その恐れ

  d. 保護管理計画が欠如しているか、不適切か、或は、十分に実施されていない

危機遺産リストに登録されている自然遺産

危機にさらされている世界遺産　分布図

物件名	国名	危機遺産登録年
１エルサレム旧市街と城壁	ヨルダン推薦物件	1982年
２チャン・チャン遺跡地域	ペルー	1986年
３ニンバ山厳正自然保護区	ギニア/コートジボワール	1992年
４アイルとテネレの自然保護区	ニジェール	1992年
５ヴィルンガ国立公園	コンゴ民主共和国	1994年
６ガランバ国立公園	コンゴ民主共和国	1996年
７オカピ野生動物保護区	コンゴ民主共和国	1997年
８カフジ・ビエガ国立公園	コンゴ民主共和国	1997年
９マノボ・グンダ・サンフローリス国立公園	中央アフリカ	1997年
１０サロンガ国立公園	コンゴ民主共和国	1999年
１１ザビドの歴史都市	イエメン	2000年
１２アブ・ミナ	エジプト	2001年
１３ジャムのミナレットと考古学遺跡	アフガニスタン	2002年
１４バーミヤン盆地の文化的景観と考古学遺跡	アフガニスタン	2003年
１５アッシュル（カルア・シルカ）	イラク	2003年
１６コロとその港	ヴェネズエラ	2005年
１７コソヴォの中世の記念物群	セルビア	2006年
１８ニオコロ・コバ国立公園	セネガル	2007年
１９サーマッラの考古学都市	イラク	2007年
２０カスビのブガンダ王族の墓	ウガンダ	2010年
２１アツィナナナの雨林群	マダガスカル	2010年
２２エバーグレーズ国立公園	アメリカ合衆国	2010年
２３スマトラの熱帯雨林遺産	インドネシア	2011年
２４リオ・プラターノ生物圏保護区	ホンジュラス	2011年

アメリカ合衆国

大　西　洋

太　平　洋

赤　道

諸島

ホンジュラス

パナマ

ヴェネズエラ

ペルー

ボリヴィア

チリ

物　件　名	国　名	危機遺産登録年
25 トンブクトゥー	マリ	2012年
26 アスキアの墓	マリ	2012年
27 リヴァプールー海商都市	英国	2012年
28 パナマのカリブ海沿岸のポルトベローサン・ロレンソの要塞群	パナマ	2012年
29 イースト・レンネル	ソロモン諸島	2013年
30 古代都市ダマスカス	シリア	2013年
31 古代都市ボスラ	シリア	2013年
32 パルミラの遺跡	シリア	2013年
33 古代都市アレッポ	シリア	2013年
34 シュバリエ城とサラ・ディーン城塞	シリア	2013年
35 シリア北部の古村群	シリア	2013年
36 セルース動物保護区	タンザニア	2014年
37 ポトシ市街	ボリヴィア	2014年
38 オリーブとワインの地パレスチナーエルサレム南部のバティール村の文化的景観	パレスチナ	2014年
39 ハトラ	イラク	2015年
40 サナアの旧市街	イエメン	2015年
41 シバーム城塞都市	イエメン	2015年
42 ジェンネの旧市街	マリ	2016年
43 キレーネの考古学遺跡	リビア	2016年
44 レプティス・マグナの考古学遺跡	リビア	2016年
45 サブラタの考古学遺跡	リビア	2016年
46 タドラート・アカクスの岩絵	リビア	2016年
47 ガダミースの旧市街	リビア	2016年
48 シャフリサーブスの歴史地区	ウズベキスタン	2016年
49 ナン・マドール：東ミクロネシアの祭祀センター	ミクロネシア	2016年
50 ウィーンの歴史地区	オーストリア	2017年
51 ヘブロン/アル・ハリルの旧市街	パレスチナ	2017年
52 ツルカナ湖の国立公園群	ケニア	2018年
53 カリフォルニア湾の諸島と保護地域	メキシコ	2019年

□ 自然遺産
■ 文化遺産

2020年3月現在

危機遺産リストに登録されている自然遺産

危機にさらされている自然遺産　物件名と登録された理由

	物　件　名	国　　名	危機遺産登録年	登録された主な理由
1	●エルサレム旧市街と城壁	ヨルダン推薦物件	1982年	民族紛争
2	●チャン・チャン遺跡地域	ペルー	1986年	風雨による侵食・崩壊
3	○ニンバ山厳正自然保護区	ギニア/コートジボワール	1992年	鉄鉱山開発、難民流入
4	○アイルとテネレの自然保護区	ニジェール	1992年	武力紛争、内戦
5	○ヴィルンガ国立公園	コンゴ民主共和国	1994年	地域紛争、密猟
6	○ガランバ国立公園	コンゴ民主共和国	1996年	密猟、内戦、森林破壊
7	○オカピ野生動物保護区	コンゴ民主共和国	1997年	武力紛争、森林伐採、密猟
8	○カフジ・ビエガ国立公園	コンゴ民主共和国	1997年	密猟、難民流入、農地開拓
9	○マノボ・グンダ・サンフローリス国立公園	中央アフリカ	1997年	密猟
10	○サロンガ国立公園	コンゴ民主共和国	1999年	密猟、都市化
11	●ザビドの歴史都市	イエメン	2000年	都市化、劣化
12	●アブ・ミナ	エジプト	2001年	土地改良による溢水
13	●ジャムのミナレットと考古学遺跡	アフガニスタン	2002年	戦乱による損傷、浸水
14	●バーミヤン盆地の文化的景観と考古学遺跡	アフガニスタン	2003年	崩壊、劣化、盗窟など
15	●アッシュル（カルア・シルカ）	イラク	2003年	ダム建設、保護管理措置欠如
16	●コロとその港	ヴェネズエラ	2005年	豪雨による損壊
17	●コソヴォの中世の記念物群	セルビア	2006年	政治的不安定による管理と保存の困難
18	○ニオコロ・コバ国立公園	セネガル	2007年	密猟、ダム建設計画
19	●サーマッラの考古学都市	イラク	2007年	宗派対立
20	●カスビのブガンダ王族の墓	ウガンダ	2010年	2010年3月の火災による焼失
21	○アツィナナナの雨林群	マダガスカル	2010年	違法な伐採、キツネザルの狩猟の横行
22	○エバーグレーズ国立公園	アメリカ合衆国	2010年	水界生態系の劣化の継続、富栄養化
23	○スマトラの熱帯雨林遺産	インドネシア	2011年	密猟、違法伐採など
24	○リオ・プラターノ生物圏保護区	ホンジュラス	2011年	違法伐採、密漁、不法占拠、密猟など
25	●トゥンブクトゥー	マリ	2012年	武装勢力による破壊行為
26	●アスキアの墓	マリ	2012年	武装勢力による破壊行為
27	●リヴァプール−海商都市	英国	2012年	大規模な水域再開発計画
28	●パナマのカリブ海沿岸のポルトベロ・サン・ロレンソの要塞群	パナマ	2012年	風化や劣化、維持管理の欠如など
29	○イースト・レンネル	ソロモン諸島	2013年	森林の伐採

	物 件 名	国 名	危機遺産登録年	登録された主な理由
30	●古代都市ダマスカス	シリア	2013年	国内紛争の激化
31	●古代都市ボスラ	シリア	2013年	国内紛争の激化
32	●パルミラの遺跡	シリア	2013年	国内紛争の激化
33	●古代都市アレッポ	シリア	2013年	国内紛争の激化
34	●シュバリエ城とサラ・ディーン城塞	シリア	2013年	国内紛争の激化
35	●シリア北部の古村群	シリア	2013年	国内紛争の激化
36	○セルース動物保護区	タンザニア	2014年	見境ない密猟
37	●ポトシ市街	ボリヴィア	2014年	経年劣化による鉱山崩壊の危機
38	●オリーブとワインの地パレスチナ -エルサレム南部のバティール村の文化的景観	パレスチナ	2014年	分離壁の建設による文化的景観の損失の懸念
39	●ハトラ	イラク	2015年	過激派組織「イスラム国」による破壊、損壊
40	●サナアの旧市街	イエメン	2015年	ハディ政権とイスラム教シーア派との戦闘激化、空爆による遺産の損壊
41	●シバーム城塞都市	イエメン	2015年	ハディ政権とイスラム教シーア派との戦闘激化による潜在危険
42	●ジェンネの旧市街	マリ	2016年	不安定な治安情勢、風化や劣化、都市化、浸食
43	●キレーネの考古学遺跡	リビア	2016年	カダフィ政権崩壊後の国内紛争の激化
44	●レプティス・マグナの考古学遺跡	リビア	2016年	カダフィ政権崩壊後の国内紛争の激化
45	●サブラタの考古学遺跡	リビア	2016年	カダフィ政権崩壊後の国内紛争の激化
46	●タドラート・アカクスの岩絵	リビア	2016年	カダフィ政権崩壊後の国内紛争の激化
47	●ガダミースの旧市街	リビア	2016年	カダフィ政権崩壊後の国内紛争の激化
48	●シャフリサーブスの歴史地区	ウズベキスタン	2016年	ホテルなどの観光インフラの過度の開発、都市景観の変化
49	●ナン・マドール：東ミクロネシアの祭祀センター	ミクロネシア	2016年	マングローブなどの繁茂や遺跡の崩壊
50	●ウィーンの歴史地区	オーストリア	2017年	高層ビル建設プロジェクトによる都市景観問題
51	●ヘブロン/アル・ハリールの旧市街	パレスチナ	2017年	民族紛争、宗教紛争
52	○ツルカナ湖の国立公園群	ケニア	2018年	ダム建設
53	○カリフォルニア湾の諸島と保護地域	メキシコ	2019年	違法操業

○ 自然遺産　17件　　● 文化遺産　36件　　　　　　　　　　2020年3月現在

危機遺産リストに登録されている自然遺産

ニンバ山厳正自然保護区（ギニア／コートジボワール）
1981年／1982年世界遺産登録　登録基準（ix）（x）
★1992年危機遺産登録

セルース動物保護区（タンザニア）
1982年世界遺産登録　登録基準（ix）（x）
★2014年危機遺産登録

アツィナナナの雨林群（マダガスカル）
2007年世界遺産登録　登録基準（ix）（x）
★2010年危機遺産登録

危機遺産リストに登録されている自然遺産

イースト・レンネル（ソロモン諸島）
1998年世界遺産登録　登録基準（ix）
★2013年危機遺産登録

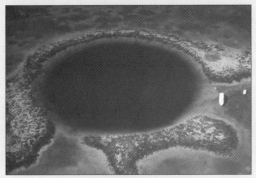

ベリーズ珊瑚礁保護区（ベリース）
1996年世界遺産登録　登録基準（vii）（ix）（x）
★2009年危機遺産登録

エバーグレーズ国立公園（アメリカ合衆国）
1979年世界遺産登録　登録基準（viii）（ix）（x）
★2010年危機遺産登録

危機遺産リストに登録されている自然遺産

日本のユネスコ自然遺産とポテンシャル・サイト

**世界遺産暫定リスト記載物件
「奄美大島、徳之島、沖縄島北部及び西表島」**
（写真）西表島

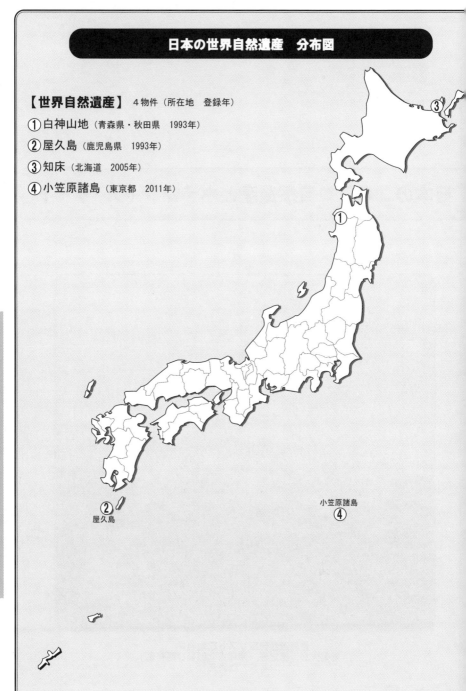

日本の世界自然遺産　分布図

【世界自然遺産】　4物件（所在地　登録年）

① 白神山地（青森県・秋田県　1993年）

② 屋久島（鹿児島県　1993年）

③ 知床（北海道　2005年）

④ 小笠原諸島（東京都　2011年）

小笠原諸島
④

屋久島
②

日本のユネスコ自然遺産とポテンシャル・サイト

日本の世界自然遺産　知床、白神山地、小笠原諸島、屋久島

		知　床	白神山地	小笠原諸島	屋久島
登録年		2005年	1993年	2011年	1993年
所在地		北海道	青森県・秋田県	東京都	鹿児島県
位　置		北緯 43度 56分 東経144度 57分	北緯 40度 28分 東経140度 07分	北緯 27度 43分 東経142度 05分	北緯 30度 20分 東経130度 32分
面　積		34,000ha	10,139ha	7,939ha	10,747ha
IUCNの 管理カテゴリー		Ia, IV, V	Ib	II	Ia, II
Udvardy の地域区分	界	旧北界	旧北界	オセアニア界	旧北界
	地区	混交林 日本・満州	夏緑樹林 東アジア	ミクロネシア	常緑樹林
	群系	温帯広葉樹林および 亜寒帯落葉低木密生林	常緑広葉樹林および 低木林・疎林	島嶼混合系	亜熱帯および 温帯雨林
顕著な 普遍的 価値		地名はアイヌ語の 「シリエトク」に由 来し、地の果てを意 味する。 海と陸の生態系の相 互作用を示す複合生 態系の顕著な見本	世界最大級のブナ原 生林の美しさの生命 力は人類の宝物とい え、また、白神山地全 体が森林の博物館的 景観を呈している。	世界でも有数の透明 度の高さを誇る海に 囲まれた独自の生態 系の動植物を有する 自然の宝庫で、東洋 のガラパゴスと呼ば れている。	縄文杉を含む樹齢 1000年を超す天然杉 の原始林、亜熱帯林 から亜寒帯林に及ぶ 植物の垂直分布、ま た常緑広葉樹林は、 世界最大規模
登録基準	(vii)自然景観				○
	(viii)地形・地質				
	(ix)生態系	○	○	○	○
	(x)生物多様性	○			
法的担保 措置		●遠音別岳原生自然 　環境保全地域 ●知床国立公園 ●森林生態系保護地域 ●特別天然記念物 ●天然記念物 ●国設鳥獣保護区	●自然環境保全地域 ●津軽国定公園 ●森林生態系保護地域 ●特別天然記念物 ●天然記念物	●南硫黄島原生自然 　環境保全地域 ●小笠原国立公園 ●森林生態系保護地域 ●特別天然記念物 ●天然記念物 ●国設鳥獣保護区	●屋久島原生自然 　環境保全地域 ●霧島屋久国立公園 ●森林生態系保護地域 ●特別天然記念物 ●天然記念物
保護管理 体制		環境省北海道地方 　　環境事務所 林野庁北海道森林管理局 北海道 斜里町 羅臼町 自然公園財団知床支部	環境省東北地方 　　環境事務所 林野庁東北森林管理局 青森県 秋田県	環境省関東地方 　　環境事務所 林野庁関東森林管理局 東京都	環境省九州地方 　　環境事務所 林野庁九州森林管理局 鹿児島県 屋久島町
植物		ミズナラ、イタヤカエデ、 シナノキ、トドマツ、 エゾマツ、アカエゾマツ	ブナ、アオモリマンテマ、 トガクシショウマ	オガサワラコウモリ、 アオウミガメ、ハハジメジロ、 アカガシラカラスバト、 シマアカネ、カタマイマイ	シイ、カシ、スギ、モミ ヤクシマシャクナゲ
動物		ヒグマ、キタキツネ、 エゾシカ、トド、シャチ ゴマフアザラシ	ニホンザル、ツキノワグマ、 クマタカ、シノリガモ	ムニンヤツデ、ムニンノボタン、 オガサワラグワ、 ハハジマノボタン	ヤクザル、ヤクシカ ヤクシマヤマガラ、 ヤクシマキビタキ

日本のユネスコ自然遺産とポテンシャル・サイト

白神山地
1993年登録
登録基準（ix）

屋久島
1993年登録
登録基準（vii）（ix）

知床
2005年登録
登録基準（ix）（x）

日本のユネスコ自然遺産とポテンシャル・サイト

小笠原諸島
2011年登録
登録基準（ix）

第43回世界遺産委員会バクー（アゼルバイジャン）会議2019

写真：古田陽久

日本のユネスコ自然遺産とポテンシャル・サイト

日本のユネスコ自然遺産とポテンシャル・サイト

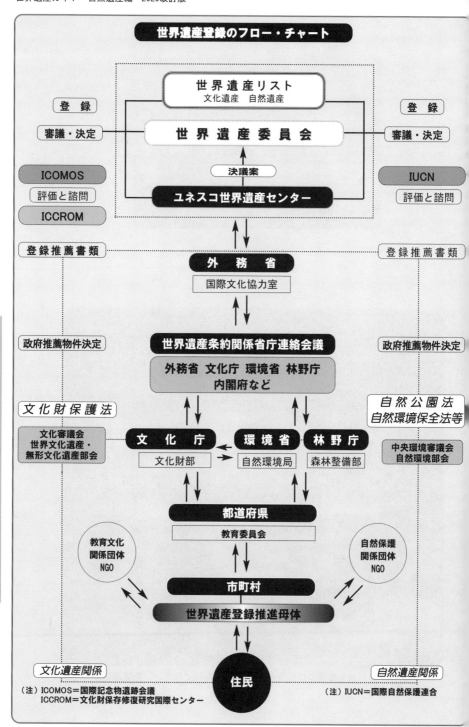

世界遺産登録のフロー・チャート

世界遺産リスト
文化遺産　自然遺産

世界遺産委員会

登　録		登　録
審議・決定		審議・決定

決議案

ユネスコ世界遺産センター

ICOMOS　評価と諮問　ICCROM

IUCN　評価と諮問

登録推薦書類　　　　　外　務　省　　　　　登録推薦書類
国際文化協力室

政府推薦物件決定　世界遺産条約関係省庁連絡会議　政府推薦物件決定

外務省　文化庁　環境省　林野庁
内閣府など

文化財保護法　　　　　　　　　　　　　　自然公園法
自然環境保全法等

文化審議会
世界文化遺産・
無形文化遺産部会　　　文　化　庁　　環境省　林野庁　　中央環境審議会
自然環境部会

文化財部　　自然環境局　森林整備部

都道府県
教育委員会

教育文化
関係団体
NGO

自然保護
関係団体
NGO

市町村

世界遺産登録推進母体

文化遺産関係　　　　　　　住　民　　　　　　　自然遺産関係

（注）ICOMOS＝国際記念物遺跡会議
　　　ICCROM＝文化財保存修復研究国際センター

（注）IUCN＝国際自然保護連合

日本の自然遺産　世界遺産条約締約後の自然遺産関係の主な動き

1992年 6 月	世界遺産条約締結を国会で承認。
1992年 6 月	世界遺産条約受諾の閣議決定。
1992年 6 月	世界遺産条約の受諾書寄託。
1992年 9 月	わが国について世界遺産条約が発効。
1992年10月	ユネスコに白神山地、屋久島の暫定リストを提出。
1993年11月	環境基本法制定。
1993年12月	生物多様性条約が国内発効。
1993年12月	世界遺産リストに「屋久島」、「白神山地」が登録される。
1994年12月	環境基本計画を閣議決定。
1995年10月	生物多様性国家戦略を地球環境保全に関する関係閣議会議が決定。
1998年11月	第22回世界遺産委員会京都会議。
1999年11月	松浦晃一郎氏が日本人としては初めてのユネスコ事務局長（第8代）に就任。
2000年 5 月	第2回世界自然遺産会議・屋久島2000
2001年 1 月	省庁再編で、環境庁は環境省へ。
2003年 3 月	第1回世界自然遺産候補地に関する検討会。（環境省と林野庁で共同設置）
2003年 3 月	第2回世界自然遺産候補地に関する検討会で、詳細に検討すべき17地域を選定 利尻・礼文・サロベツ原野、知床、大雪山、阿寒・屈斜路・摩周、日高山脈、早池峰山、飯豊・朝日連峰、奥利根・奥只見・奥日光、北アルプス、富士山、南アルプス、祖母山・傾山・大崩山、九州中央山地と周辺山地、阿蘇山、霧島山、伊豆七島、小笠原諸島、南西諸島の17地域を選定。
2003年 4 月	第3回世界自然遺産候補地に関する検討会で、三陸海岸、山陰海岸の2地域を加えた19地域について詳細検討。
2003年 5 月	第4回世界自然遺産候補地に関する検討会で、知床、大雪山と日高山脈を統合した地域、飯豊・朝日連峰、九州中央山地周辺の照葉樹林、小笠原諸島、琉球諸島の6地域を抽出。登録基準に合致する可能性が高い地域として、知床、小笠原、琉球諸島の3地域を選定。
2003年 6 月	中央環境審議会自然環境部会で、「世界自然遺産候補地に関する検討会の結果について」報告。
2003年 9 月	第5回世界公園会議が、南アフリカのダーバンで開催される。
2003年10月	「知床」を新たな自然遺産の候補地として、政府推薦、小笠原、琉球諸島については、保護管理措置等の条件が整い次第、推薦書の提出をめざす方針。
2004年 1 月	「知床」の推薦書類を、ユネスコに提出。
2004年 3 月	雲仙、霧島、瀬戸内海国立公園指定70周年。
2004年 7 月	IUCNの専門家、「知床」を事前調査。
2005年 7 月	世界遺産リストに「知床」が登録される。
2005年10月	第2回世界自然遺産会議　白神山地会議。
2007年 1 月	ユネスコの暫定リストに「小笠原諸島」を追加。
2007年11月	第3回世界自然遺産国際会議 2007・峨眉山
2011年 6 月	第35回世界遺産委員会で、「小笠原諸島」「世界遺産リスト」に登録。
2012年 8 月	「新たな世界自然遺産候補地の考え方に係る懇談会」（事務局　環境省・林野庁）の第1回目が開催される。
2013年 1 月	世界遺産条約関係省庁連絡会議で、「奄美・琉球」を世界遺産候補に推薦。
2013年 3 月	ユネスコ、「奄美・琉球」の対象地域の絞り込みを求め、暫定リストへの追加を保留。
2014年11月	オーストラリアのシドニーで第6回世界国立公園会議。
2018年 6 月	第42回世界遺産委員会マナーマ（バーレン）会議。
2020年 6 月	第44回世界遺産委員会福州（中国）会議。
2022年 6 月	世界遺産条約受諾30周年。

日本のユネスコ自然遺産とポテンシャル・サイト

日本の自然遺産ポテンシャル・サイト　今後の有望物件

【世界遺産暫定リスト記載物件】

○ 奄美大島、徳之島、沖縄島北部及び西表島（鹿児島県／沖縄県）
　⇒　2020年第44回世界遺産委員会福州会議

【2003年第4回世界自然遺産候補地に関する検討会で抽出されたポテンシャル・サイト】

○ 利尻・礼文・サロベツ原野（北海道）
○ 大雪山と日高山脈を統合した地域（北海道）
○ 飯豊・朝日連峰（山形県、新潟県、福島県）
○ 九州中央山地周辺の照葉樹林（宮崎県）

【2003年第2回世界自然遺産候補地に関する検討会で選定されたポテンシャル・サイト】

○ 阿寒・屈斜路・摩周（北海道）
○ 早池峰山（岩手県）
○ 三陸海岸（岩手県・宮城県）
○ 奥利根・奥只見・奥日光（福島県、群馬県、栃木県、新潟県）
○ 伊豆七島（東京都）
○ 北アルプス（新潟県、富山県、長野県、岐阜県）
○ 南アルプス（長野県、山梨県、静岡県）
○ 山陰海岸（京都府・兵庫県・鳥取県）
○ 祖母山・傾山・大崩山（大分県）
○ 阿蘇山（熊本県）
○ 霧島山（宮崎県、鹿児島県）

日本の自然遺産 世界遺産候補物件「奄美大島、徳之島、沖縄島北部及び西表島」

英語名　Amami-Oshima Island, Tokunoshima Island,
Northern Part of Okinawa Island and Iriomote Island

物件の概要　奄美大島、徳之島、沖縄島北部及び西表島は、4地域5構成要素からなる面積42,698ha の陸域シリアルサイトである。これらの4島は、ユーラシア大陸の東端に弧状に張り出した日本列島の南端部分に位置する琉球列島の一部で、北東から南東にかけて約 750km にわたって広がっている。黒潮海流と北太平洋西部の亜熱帯高気圧の影響を受け、温暖・多湿の亜熱帯性気候を呈し、主に常緑広葉樹の亜熱帯多雨林に覆われている。地球規模で生物多様性保全上の重要性が認識されている日本列島の中でも生物多様性が突出して高い地域の1つである中琉球・南琉球の代表である。この地域は多くの分類群において種数が多く、また、多数の絶滅危惧種が生息しており、その割合も多い。全体として、陸域生物多様性ホットスポット「ジャパン」の陸生脊椎動物の約 57%が4地域 に生息し、その中には日本固有の脊椎動物の44%、日本の脊椎動物における国際的絶滅危惧種の36%が包含される。加えて、中琉球及び南琉球の固有種が多い。この地域の国際的絶滅危惧種95種のうち75 種が固有種であるなど、多くの分類群での固有種率も高い。さらに、さまざまな固有種の進化の例が見られ、特に、多くの遺存固有種は独特な進化を遂げた種が存在する。この地域の生物多様性の特徴はすべて相互に関連しており、中琉球及び南琉球が大陸島として形成された地史を背景として生じてきた。琉球列島の陸生生物は、ユーラシア大陸の近縁の種から分離され、さらに深い海域や黒潮などにより、北琉球、中琉球、南琉球の生物相となってきた。地理的な隔離は種分化を導き、中琉球及び南琉球の生物相は独特のものとなり、海峡を容易に越えられない非飛翔性の陸生脊椎動物群（陸生哺乳類、陸生爬虫類、両生類）や植物で固有種の事例が多数示されている。また中琉球と南琉球では、大陸からの距離や分離時期の違いにより、陸生生物相の種分化と固有化のパターンが異なっている。　奄美大島、徳之島、沖縄島北部及び西表島は、長期の隔離を伴う大陸島としての形成史を反映して、多数の種や固有種、国際的絶滅危惧種を含む独特な陸域生物の保護において、全体として世界的にかけがえのない地域であり、独特で豊かな中琉球・南琉球の生物多様性の生息域内保全にとって最も重要な自然の生息・生育地を包含した地域である。

所在地　　鹿児島県、沖縄県
位　置　　北緯24度〜29度　東経123度〜130度
気　候　　亜熱帯性気候

分　類　　生態系、生物多様性
Udvardyの地域区分　**界**：旧北界　　**地区**：琉球諸島　　**群系**：島嶼混合系
世界遺産のカテゴリー　自然遺産
共同推薦省庁　環境省、林野庁

顕著な普遍的価値
●大陸島における陸生生物の隔離による種分化・系統的多様化の諸段階を明白に表す顕著な見本。
●固有種が多く生息・生育し、日本本土やユーラシア大陸の近隣地域に近縁種が分布しない遺存固有種も多数見られる。
●亜熱帯起源の動植物はもとより、とりわけ分散能力の高い植物や昆虫などには、東アジアのほか、東南アジアやさらには大洋州起源とされる系統も含まれる。
●この地域の生物相を構成する種の多くは、学術上または保全上顕著な普遍的価値を有する絶滅のおそれのある種であり、奄美・琉球はそれらの種の重要

日本のユネスコ自然遺産とポテンシャル・サイト

かつ不可欠な生息・生育地である。

特　質	●独特の地史を有し、多様で固有性の高い亜熱帯生態系や珊瑚礁生態系がある。 ●優れた景観や絶滅危惧種の生息地となっている。

学術的価値　　　生物学、地学

該当すると思われる登録基準　　（ix）生態系　　（x）生物多様性

その根拠
登録基準（ix）　この地域だけに残された遺存固有種が分布しており、また、島々が分離・結合を
繰り返す過程で多くの進化系に種分化が生じている。
登録基準（x）　IUCNレッドリストに掲載されている多くの国際的希少種や固有種の生息・生育
地であり、世界的な生物多様性保全の上で重要な地域である。

登録面積　　　42,698ha（陸域）
登録範囲　　　陸域は、奄美大島、徳之島、沖縄本島北部のやんばる地域、西表島の4島を軸に、
コア・ゾーンとバッファー・ゾーンを設定

保護担保措置　●奄美群島国定公園（1974年指定）　⇒　奄美群島国立公園（2017年3月7日）
●やんばる国立公園（2016年9月15日指定）
●西表石垣国立公園（1972年指定／2007年に石垣島地域を加え名称変更）
●奄美群島森林生態系地域（2013年3月15日指定）
●やんばる森林生態系地域（2017年12月25日指定）
●西表石垣森林生態系地域（1991年3月28日指定）

※※外来種問題への対応、希少種保護
国際的な保護　●コンサベーション・インターナショナル（Conservation International　略称 CI）
生物多様性ホットスポット（Biodiversity Hotspot）
●バードライフ・インターナショナル（Birdlife International）
「固有鳥類生息地」（Endemic Bird Areas of the World）
「鳥類重要生息地」（Important Bird Areas）
●世界自然保護基金（WWF）「地球上の生命を救うためのエコリージョン・グロ
ーバル200」

管理　　　　　環境省、九州地方環境事務所、那覇自然環境事務所、林野庁、九州森林管理局、
鹿児島県環境林務部自然保護課
モニタリング　環境省国際サンゴ礁研究・モニタリングセンター
動物　　　　　イリオモテヤマネコ（CR）、アマミノクロウサギ（EN）、ケナガネズミ、オキナワ
トゲネズミ（CR）、トクノシマトゲネズミ（EN）、ルリカケス（VU）、リュウキュウ
ヤマガメ（EN）、クロイワトカゲモドキ（EN）、イボイモリ（EN）、ナミエガエル、
ノグチゲラ（CR）、ヤンバルクイナ（EN）など
（注）（　）内は、IUCN Red Listのランク
植物　　　　　アマミテンナンショウ、アマミスミレ、アマミデンダ、クニガミトンボソウ、
コケタンポポ
利活用　　　　環境教育、エコ・ツーリズム、地域づくり
施　設　　　　●環境省奄美野生生物保護センター
●西表石垣国立公園黒島ビジターセンター
●竹富島ビジターセンター
観光入込客数　奄美大島　431,740人、徳之島　127,846人（2016年）

日本のユネスコ自然遺産とポテンシャル・サイト

これまでの経緯とこれから

2003年10月	環境省と林野庁が、学識経験者からなる「世界自然遺産候補地に関する検討会」を共同で設置、自然遺産の新たな推薦候補地を学術的見地から検討、世界遺産の候補地として選定される。
2013年1月31日	世界遺産条約関係省庁連絡会議（外務省、文化庁、環境省、林野庁、水産庁、国土交通省、宮内庁で構成）において、世界遺産条約に基づくわが国の世界遺産暫定リストに、自然遺産として「奄美・琉球」を記載することを決定。世界遺産暫定リスト記載のために必要な書類をユネスコ世界遺産センターに提出。
2013年3月	ユネスコ、対象地域の絞り込みを求め、世界遺産暫定リストへの追加を保留。
2014年1月	世界遺産暫定リスト記載のために必要な書類をユネスコ世界遺産センターに再提出。
2016年2月23日	環境省中央環境審議会自然環境部会「西表石垣国立公園の公園区域及び公園計画の変更」を了承。
2016年2月27日	環境省、沖縄「やんばる」地域を、新たに国立公園に指定し、自然環境の保護を強化する方針を固める。
2019年2月1日	ユネスコ世界遺産センターへ登録推薦書類を提出
2019年10月	IUCNによる現地調査 　　ウェンディー・アン・ストラーム氏（スイス） 　　ウルリーカ・オーバリ氏（スウェーデン）
2020年5月	IUCNによる評価結果の勧告
2020年6月〜7月	第44回世界遺産委員会福州会議において審議

今後の課題
- 自然を適正に利用するルールづくりが必要。
- 外来種問題への対応。
- 地球の温暖化等が原因と思われる珊瑚の白化現象対策。
- やんばる地域での、ごみの不法投棄や野生化したイヌやネコの放置。
- 関係行政機関や地域関係者、専門家等との連携・協働による保全管理体制の整備
- 地域の理解・合意形成。
- 世界遺産の登録範囲（尖閣諸島を登録範囲に含めてはという意見もある）
- 米軍基地問題。
- 外国人の土地所有。

備考
- 奄美群島日本復帰70周年（2023年12月25日）

参考資料
- 環境省自然環境局自然環境計画課の報道発表資料＜2019年2月1日＞
- 鹿児島県環境林務部自然保護課
- 沖縄県

当シンクタンクの協力
- 朝日新聞鹿児島版「奄美『減らせ天敵』／世界遺産へむけて」　　　　　　　2009年2月25日

日本のユネスコ自然遺産とポテンシャル・サイト

「奄美大島、徳之島、沖縄島北部及び

コア・ゾーン（登録資産）

<u>37,873</u> ha

● 自然公園法

バッファー・ゾーン（緩衝地帯）

<u>25,482</u> ha

● 自然公園法

登録範囲

長期的な保存管理計画

● 西表石垣国立公園（2016年大規模拡張）
● やんばる国立公園（2016年指定）
● 奄美群島国立公園（2017年指定）

● 教育
＜ガイダンス施設＞
□ 環境省奄美野生生物保護センター
□ 西表石垣国立公園黒島ビジターセンター
□ 竹富島ビジターセンター

● 観光
□ エコ・ツーリズム

● まちづくり

● 問題点
□ 推薦地の中には、分断されているところがあり、生態学的な持続可能性に重大な懸念がある。
□ 推薦地は4島に分かれているが、その選定が本当に適当かどうか、もしくは、それらの連続性を担保できないかどうか、それを種の長期的な保護の観点から再検討すべき。

● 課題
① 希少種の保護・増殖
・生息状況の把握
・交通事故等の防止
・密猟・盗採の防止パトロール
② 外来種等の対策
・マングース対策
・ネコ対策 など
③ 適正利用とエコ・ツーリズム推進
・エコ・ツーリズムの推進
・利用コントロールの検討
・エコ・ツアーガイドの普及

担保条件

顕著な普遍的価値（Ou

国家間の境界を超越し、人類全体にとって現
文化的な意義及び/又は自然的な価値を意
国際社会全体にとって最高水準の重要性を有

ローカル ⇨ リージョナル ⇨ ナシ

ユーラシア大陸から分離、結合し、小島嶼
過程で生じた独自の生物進化と、奄美大
生息するアマミノクロウサギと西表島のイリオモテ
国の特別天然記念物に指定されている。4
陸生哺乳類の6割、両生類は8割は固有
沖縄島北部のヤンバルクイナなどは、IUCN
絶滅危惧種に指定。

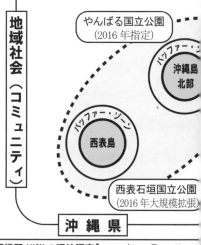

地域社会（コミュニティ）

やんばる国立公園（2016年指定）

バッファー・ゾーン

沖縄島北部

バッファー・ゾーン

西表島

西表石垣国立公園（2016年大規模拡張）

沖縄県

【専門機関 IUCN の現地調査】2017年10月11日～2
2019年10月 5日～1

【専門機関 IUCN の評価結果の世
□ 登録（記載）〔I〕　　□ 情報照会〔R〕　　□

【2018年第42回世界遺産委員会マナーマ（バーレ
【2020年第44回世界遺産委員会福州（中国）会議
□ 登録（記載）〔I〕　　□ 情報照会〔R〕　　□

登録遺産名：Amami-Oshima Island, Tokunosh
Iriomote Island（英語）
日本語表記：奄美大島、徳之島、沖縄島北部及
位置（経緯度）：北緯24度～29度　東経123度～

「顕著な普遍的価値」の考え方

（al Value＝OUV）

重要性をもつような、傑出した
遺産を恒久的に保護することは

ナル ⇨ グローバル

バッファー・ゾーン

奄美大島

鹿児島県

奄美群島国立公園
（2017 年指定）

2 県 1 市 6 町 5 村
美市、大和村、宇検村、
龍郷町、徳之島町、天城町、
村、大宜味村、東村、竹富町）

ン氏とバスチャン・ベルツキー氏
ン・ストラーム氏とウルリーカ・オーバリ氏

の勧告区分】
　　　□ 不登録（不記載）〔N〕

類を取下げ

〕　　　□ 不登録（不記載）〔N〕

hern part of Okinawa Island and

スト記載年：2016年

必要十分条件の証明

必要条件

登録基準（クライテリア）とその根拠

(ⅸ) 陸上、淡水、沿岸、及び、海洋生態系と動植物群集の進化と発達において、進行しつつある重要な生態学的、生物学的プロセスを示す顕著な見本であるもの。
→生態系

＜その根拠の説明＞
この地域だけに残された遺存固有種が分布しており、また、島々が分離・結合を繰り返す過程で多くの進化系統に種分化が生じている。

(ⅹ) 生物多様性の本来的保全にとって、もっとも重要かつ意義深い自然生息地を含んでいるもの。これには、科学上、または、保全上の観点から、すぐれて普遍的価値をもつ絶滅の恐れのある種が存在するものを含む。
→生物多様性

＜その根拠の説明＞
IUCNレッドリストに掲載されている多くの国際的希少種や固有種の生息・生育地であり、世界的な生物多様性保全の上で重要な地域である。

真正（真実）性（オーセンティシティ）

本遺産は文化的価値を主張するものではないため該当しない。

十分条件

完全性 （インテグリティ）

①複数の島嶼がシリアルで構成され世界遺産としての価値を示す要素を全て包含している。

②価値を長期的に維持するために適切な面積が確保されている

③開発等の悪影響を受けていない。

他の類似物件との比較

当該遺産は日本の中でも生物種数、固有種数、絶滅危惧種数が多く、国内の4つの自然遺産と比較すると、植物種数は屋久島に次ぎ、また、陸生哺乳類の種数は知床に次いで多く、他の分類群はすべて上回っており、生物多様性に富んだ地域である。

● カリフォルニア湾の島々と保護地域群（メキシコ）
● アレハンドロ・デ・フンボルト国立公園（キューバ）
● ブルーマウンテン山脈とジョン・クロウ山地
　（ジャマイカ）など

日本のユネスコ自然遺産とポテンシャル・サイト

奄美大島　金作原原生林

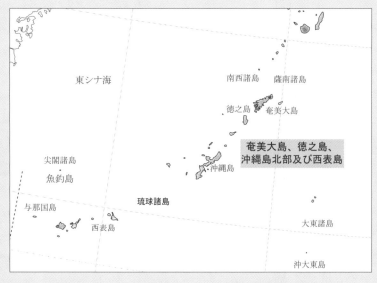

交通アクセス　●徳之島へは、鹿児島空港から飛行機で徳之島空港まで約55分。
　　　　　　　●西表島へは、石垣島の離島ターミナルから高速船、或は、フェリーで
　　　　　　　　大原港、或は、上原港へ。

日本の世界自然遺産ポテンシャル・サイト　国立公園・国定公園

都道府県	国立公園　　34か所	国定公園　　56か所　2020年3月現在
北海道	利尻礼文サロベツ　知床　阿寒摩周　釧路湿原　大雪山　支笏洞爺	暑寒別天売焼尻　網走　ニセコ積丹小樽海岸　日高山脈襟裳　大沼
青森県	十和田八幡平　三陸復興	津軽　下北半島
岩手県	三陸復興　十和田八幡平	栗駒　早池峰
宮城県	三陸復興	蔵王　栗駒
秋田県	十和田八幡平	男鹿　鳥海　栗駒
山形県	磐梯朝日	鳥海　蔵王　栗駒
福島県	磐梯朝日　日光　尾瀬	越後三山只見
新潟県	磐梯朝日　上信越高原　中部山岳　日光　尾瀬　妙高戸隠連山	佐渡弥彦米山　越後三山只見
茨城県	－	水郷筑波
栃木県	日光　尾瀬	－
群馬県	日光　上信越高原　尾瀬	妙義荒船佐久高原
埼玉県	秩父多摩甲斐	－
千葉県	－	南房総　水郷筑波
東京都	秩父多摩甲斐　小笠原　富士箱根伊豆	明治の森高尾
神奈川県	富士箱根伊豆	丹沢大山
山梨県	富士箱根伊豆　南アルプス　秩父多摩甲斐	八ヶ岳中信高原
長野県	中部山岳　上信越高原　秩父多摩甲斐　南アルプス　妙高戸隠連山	八ヶ岳中信高原　天竜奥三河　妙義荒船佐久高原
岐阜県	中部山岳　白山	揖斐関ケ原養老　飛騨木曽川
静岡県	富士箱根伊豆　南アルプス	天竜奥三河
愛知県	－	三河湾　飛騨木曽川　天竜奥三河　愛知高原
三重県	伊勢志摩　吉野熊野	鈴鹿　室生赤目青山
富山県	中部山岳　白山	能登半島
石川県	白山	能登半島　越前加賀海岸
福井県	白山	越前加賀海岸　若狭湾
滋賀県	－	琵琶湖　鈴鹿
京都府	山陰海岸	若狭湾　琵琶湖　丹後天橋立大江山　京都丹波高原
大阪府	－	明治の森箕面　金剛生駒紀泉
兵庫県	瀬戸内海　山陰海岸	氷ノ山後山那岐山
奈良県	吉野熊野	金剛生駒紀泉　高野龍神　室生赤目青山　大和青垣
和歌山県	吉野熊野　瀬戸内海	高野龍神
鳥取県	大山隠岐　山陰海岸	氷ノ山後山那岐山　比婆道後帝釈
島根県	大山隠岐	比婆道後帝釈　西中国山地
岡山県	瀬戸内海　大山隠岐	氷ノ山後山那岐山
広島県	瀬戸内海	比婆道後帝釈　西中国山地
山口県	瀬戸内海	秋吉台　北長門海岸　西中国山地
徳島県	瀬戸内海	剣山　室戸阿南海岸
香川県	瀬戸内海	－
愛媛県	瀬戸内海　足摺宇和海	石鎚
高知県	足摺宇和海	室戸阿南海岸　剣山　石鎚
福岡県	瀬戸内海	玄海　北九州　耶馬日田英彦山
佐賀県	－	玄海
長崎県	雲仙天草　西海	壱岐対馬　玄海
熊本県	阿蘇くじゅう　雲仙天草	耶馬日田英彦山　九州中央山地
大分県	阿蘇くじゅう　瀬戸内海	日豊海岸　祖母傾　耶馬日田英彦山
宮崎県	霧島錦江湾	日南海岸　祖母傾　日豊海岸　九州中央山地
鹿児島県	霧島錦江湾　雲仙天草　屋久島　奄美群島	日南海岸　甑島
沖縄県	西表石垣　慶良間諸島　やんばる	沖縄海岸　沖縄戦跡

日本のユネスコ自然遺産とポテンシャル・サイト

日本の世界自然遺産ポテンシャル・サイト　原生自然環境保全地域・自然環境保全地域

都道府県	原生自然環境保全地域　5地域	自然環境保全地域　10地域　2020年3月現在
北 海 道	遠音別岳、十勝川源流部	大平山
青 森 県	—	白神山地
岩 手 県	—	早池峰　和賀岳
宮 城 県	—	—
秋 田 県	—	白神山地
山 形 県	—	—
福 島 県	—	—
新 潟 県	—	—
茨 城 県	—	—
栃 木 県	—	大佐飛山
群 馬 県	—	利根川源流部
埼 玉 県	—	—
千 葉 県	—	—
東 京 都	南硫黄島	—
神奈川県	—	—
山 梨 県	—	—
長 野 県	—	—
岐 阜 県	—	—
静 岡 県	大井川源流部	—
愛 知 県	—	—
三 重 県	—	—
富 山 県	—	—
石 川 県	—	—
福 井 県	—	—
滋 賀 県	—	—
京 都 府	—	—
大 阪 府	—	—
兵 庫 県	—	—
奈 良 県	—	—
和歌山県	—	—
鳥 取 県	—	—
島 根 県	—	—
岡 山 県	—	—
広 島 県	—	—
山 口 県	—	—
徳 島 県	—	—
香 川 県	—	—
愛 媛 県	—	笹ヶ峰
高 知 県	—	笹ヶ峰
福 岡 県	—	—
佐 賀 県	—	—
長 崎 県	—	—
熊 本 県	—	白髪岳
大 分 県	—	—
宮 崎 県	—	—
鹿児島県	屋久島	稲尾岳
沖 縄 県	—	崎山湾

日本の世界自然遺産ポテンシャル・サイト　森林生態系保護地域

都道府県	森林生態系保護地域　　　　　　　　　　　31地域　　2020年3月現在
北 海 道	日高山脈中央部、漁岳周辺、大雪山忠別川源流部、知床、狩場山地須築川源流部
青 森 県	恐山山地、白神山地
岩 手 県	早池峰山周辺、葛根田川・玉川源流部、栗駒山・栃ヶ森山周辺
宮 城 県	－
秋 田 県	白神山地
山 形 県	吾妻山周辺、朝日山地
福 島 県	吾妻山周辺、奥会津
新 潟 県	飯豊山周辺、佐武流山周辺、朝日山地
茨 城 県	－
栃 木 県	－
群 馬 県	利根川源流部・燧ヶ岳周辺
埼 玉 県	－
千 葉 県	－
東 京 都	小笠原諸島
神奈川県	－
山 梨 県	－
長 野 県	佐武流山周辺、中央アルプス木曽駒ヶ岳、北アルプス金木戸川・高瀬川源流部
岐 阜 県	白山
静 岡 県	南アルプス南部光岳
愛 知 県	－
三 重 県	大杉谷
富 山 県	白山
石 川 県	白山
福 井 県	白山
滋 賀 県	－
京 都 府	－
大 阪 府	－
兵 庫 県	－
奈 良 県	－
和歌山県	－
鳥 取 県	大山
島 根 県	－
岡 山 県	－
広 島 県	－
山 口 県	－
徳 島 県	－
香 川 県	－
愛 媛 県	石鎚山系
高 知 県	－
福 岡 県	－
佐 賀 県	－
長 崎 県	－
熊 本 県	－
大 分 県	祖母山・傾山・大崩山周辺
宮 崎 県	綾
鹿児島県	屋久島、稲尾岳周辺、奄美群島
沖 縄 県	西表島、やんばる

日本のユネスコ自然遺産とポテンシャル・サイト

日本の世界自然遺産ポテンシャル・サイト　ジオパーク

都道府県	ジオパーク　　　　　　44地域　うち**太字は世界ジオパーク**（9地域）　2020年3月現在
北 海 道	**洞爺湖有珠山**、**アポイ岳**、白滝、とかち鹿追、三笠
青 森 県	三陸、下北
岩 手 県	三陸
宮 城 県	三陸、栗駒山麓
秋 田 県	男鹿半島・大潟、ゆざわ、八峰白神、鳥海山・飛島
山 形 県	鳥海山・飛島
福 島 県	磐梯山
新 潟 県	**糸魚川**、佐渡、苗場山麓
茨 城 県	茨城県北、筑波山地域
栃 木 県	
群 馬 県	下仁田、浅間山北麓
埼 玉 県	秩父
千 葉 県	銚子
東 京 都	伊豆大島
神奈川県	箱根
山 梨 県	
長 野 県	苗場山麓、南アルプス（中央構造線エリア）
岐 阜 県	
静 岡 県	**伊豆半島**
愛 知 県	
三 重 県	
富 山 県	立山黒部
石 川 県	白山手取川
福 井 県	恐竜渓谷ふくい勝山
滋 賀 県	
京 都 府	**山陰海岸**
大 阪 府	
兵 庫 県	**山陰海岸**
奈 良 県	
和歌山県	南紀熊野
鳥 取 県	**山陰海岸**
島 根 県	隠岐、島根半島・宍道湖中海
岡 山 県	
広 島 県	
山 口 県	Mine秋吉台、萩
徳 島 県	
香 川 県	
愛 媛 県	四国西予
高 知 県	**室戸**
福 岡 県	
佐 賀 県	
長 崎 県	**島原半島**
熊 本 県	阿蘇、天草
大 分 県	おおいた姫島、おおいた豊後大野
宮 崎 県	霧島
鹿児島県	霧島、桜島・錦江湾、三島村・鬼界カルデラ
沖 縄 県	

日本のユネスコ自然遺産とポテンシャル・サイト

日本の世界自然遺産ポテンシャル・サイト
ユネスコ・エコパーク（生物圏保存地区）　ラムサール条約登録湿地

都道府県	ユネスコ・エコパーク （生物圏保存地区）10か所	ラムサール条約登録湿地　　50か所　　2020年3月現在
北 海 道	—	釧路湿原、クッチャロ湖、ウトナイ湖、霧多布湿原、厚岸湖・別寒辺牛湿原、宮島沼、雨竜沼湿原、サロベツ原野、濤沸湖、阿寒湖、風蓮湖・春国岱、野付半島・野付湾、大沼
青 森 県	—	仏沼
岩 手 県	—	—
宮 城 県	—	伊豆沼、蕪栗沼・周辺水田、化女沼
秋 田 県	—	—
山 形 県	—	大山上池・下池
福 島 県	只見	尾瀬
新 潟 県	—	佐潟、尾瀬、瓢湖
茨 城 県	—	渡良瀬遊水地、涸沼
栃 木 県	—	奥日光の湿原、渡良瀬遊水地
群 馬 県	みなかみ	尾瀬、渡良瀬遊水地、芳ヶ平湿地群
埼 玉 県	甲武信	渡良瀬遊水地
千 葉 県	—	谷津干潟
東 京 都	甲武信	—
神奈川県	—	—
山 梨 県	南アルプス、甲武信	—
長 野 県	志賀高原、南アルプス、甲武信	—
岐 阜 県	—	—
静 岡 県	—	—
愛 知 県	—	藤前干潟、東海丘陵湧水湿地群
三 重 県	大台ヶ原・大峯山	—
富 山 県	—	立山弥陀ヶ原・大日平
石 川 県	白山	片野鴨池
福 井 県	白山	三方五湖、中池見湿地
滋 賀 県	—	琵琶湖
京 都 府	—	—
大 阪 府	—	—
兵 庫 県	—	円山川下流域・周辺水田
奈 良 県	大台ヶ原・大峯山	—
和歌山県	—	串本沿岸海域
鳥 取 県	—	中海
島 根 県	—	中海、穴道湖
岡 山 県	—	—
広 島 県	—	宮島
山 口 県	—	秋吉台地下水系
徳 島 県	—	—
香 川 県	—	—
愛 媛 県	—	—
高 知 県	—	—
福 岡 県	—	—
佐 賀 県	—	東よか干潟、肥前鹿島干潟
長 崎 県	—	—
熊 本 県	—	荒尾干潟
大 分 県	祖母・傾・大崩	くじゅう坊ガツル・タデ原湿原
宮 崎 県	綾	—
鹿児島県	屋久島	藺牟田池、屋久島永田浜
沖 縄 県	—	漫湖、慶良間諸島海域、名蔵アンパル、久米島の渓流・湿地、与那覇湾

日本のユネスコ自然遺産とポテンシャル・サイト

日本の世界自然遺産ポテンシャル・サイト　国連保護地域リスト・指定地域

National Park （国立公園）

名称	区分	位置	面積	指定年
Akan （阿寒）	II	43-30'N/144-10'E	90,481ha	1934年
Ashizuri - Uwakai （足摺・宇和海）	V	33-01'N/132-38'E	11,166ha	1972年
Aso - Kuju （阿蘇・くじゅう）	V	33-00'N/131-04'E	72,678ha	1934年
Bandai-Asahi （磐梯・朝日）	II	38-00'N/140-00'E	187,041ha	1950年
Chichibu-Tama （秩父・多摩）	V	35-50'N/138-50'E	121,600ha	1950年
Chubu-Sangaku （中部山岳）	II	36-18'N/137-40'E	174,323ha	1934年
Daisen - Oki （大山・隠岐）	V	35-50'N/133-30'E	31,927ha	1936年
Daisetsuzan （大雪山）	II	43-40'N/142-51'E	226,764ha	1934年
Fuji-Hakone-Izu （富士・箱根・伊豆）	V	34-40'N/139-00'E	122,690ha	1936年
Hakusan （白山）	II	36-10'N/136-43'E	47,700ha	1962年
Iriomote （西表）	II	24-19'N/123-53'E	12,506ha	1972年
Ise - Shima （伊勢・志摩）	V	34-25'N/136-53'E	55,549ha	1946年
Joshinetsu Kogen （上信越高原）	II	36-43'N/138-30'E	189,062ha	1949年
Kirishima-Yaku （霧島・屋久）	II	31-24'N/130-50'E	54,833ha	1934年
Kushiro Shitsugen （釧路湿原）	II	43-09'N/144-26'E	26,861ha	1987年
Minami Arupusu （南アルプス）	II	35-30'N/138-20'E	35,752ha	1964年
Nikko （日光）	V	36-56'N/139-37'E	140,164ha	1934年
Ogasawara （小笠原）	II	26-52'N/142-11'E	6,099ha	1972年
Rikuchu - Kaigan （陸中海岸）	V	39-19'N/142-00'E	12,198ha	1955年
Rishiri-Rebun-Sarobetsu （利尻・礼文・サロベツ）	II	45-26'N/141-43'E	21,222ha	1974年
Saikai （西海）	V	33-16'N/129-22'E	24,636ha	1955年
Sanin - Kaigan （山陰海岸）	V	35-37'N/134-37'E	8,763ha	1963年
Seto-Naikai （瀬戸内海）	V	34-03'N/133-09'E	62,781ha	1934年
Shikotsu - Toya （支笏・洞爺）	II	42-40'N/141-00'E	99,302ha	1949年
Shiretoko （知床）	II	44-04'N/145-08'E	38,633ha	1964年
Towada-Hachimantai （十和田・八幡平）	II	40-20'N/140-50'E	85,409ha	1936年
Unzen - Amakusa （雲仙・天草）	V	32-45'N/130-16'E	28,289ha	1934年
Yoshino - Kumano （吉野・熊野）	V	34-10'N/136-00'E	59,798ha	1936年

National Wildlife Protection Area （野生生物保護地域）

名称	区分	所在地	面積	指定年
Akkeshi, Bekanbeushi, Kiritappu （厚岸・別寒辺牛・霧多布）	IV	北海道	10,887ha	1993年
Asama （浅間）	IV	群馬県・長野県	32,237ha	1951年
Daisen （大山）	IV	鳥取県	6,025ha	1957年
Daisetsuzan （大雪山）	IV	北海道	35,534ha	1992年

名　称	区分	所在地	面　積	指定年
Hakusan　（白山）	IV	岐阜県・石川県・福井県	35,912ha	1969年
名　称	区分	所在地	面　積	指定年
Hamatonbetsu-kuccharoko　（浜頓別・クッチャロ湖）	IV	北海道	2,803ha	1983年
Ina　（伊奈）	IV	長崎県	1,173ha	1989年
Iriomote　（西表）	IV	沖縄県	3,841ha	1992年
Ishiduchisankei　（石鎚山系）	IV	愛媛県・高知県	10,858ha	1977年
Izunuma　（伊豆沼）	IV	宮城県	1,450ha	1982年
Kiinagashima　（紀伊長島）	IV	三重県	7,452ha	1969年
Kirishima　（霧島）	IV	宮崎県・鹿児島県	12,013ha	1978年
Kitaarupusu　（北アルプス）	IV	長野県・岐阜県・富山県	110,306ha	1984年
Kominato　（小湊）	IV	青森県	4,515ha	1971年
Kushirositsugen　（釧路湿原）	IV	北海道	10,940ha	1958年
Moriyoshiyama　（森吉山）	IV	秋田県	6,062ha	1973年
Nakaumi　（中海）	IV	鳥取県・島根県	8,462ha	1974年
Ogasawarashotoh　（小笠原諸島）	IV	東京都	5,899ha	1980年
Ohdaisankei　（大台山系）	IV	三重県・奈良県	18,054ha	1972年
Ohtoriasahi　（大鳥朝日）	IV	山形県・新潟県	38,285ha	1984年
Sarobetsu　（サロベツ）	IV	北海道	2,560ha	1992年
Seinan　（西南）	IV	高知県	1,561ha	1979年
Sendaikaihin　（仙台海浜）	IV	宮城県	7,790ha	1987年
Shimokitaseibu　（下北西部）	IV	青森県	5,281ha	1984年
Shiretoko　（知床）	IV	北海道	43,172ha	1982年
Tofutsuko　（濤沸湖）	IV	北海道	2,051ha	1992年
Towada　（十和田）	IV	青森県・秋田県	38,668ha	1953年
Tsurugiyamasankei　（剣山山系）	IV	徳島県・高知県	10,139ha	1989年
Yagachi　（屋我地）	IV	沖縄県	3,680ha	1976年

Nature Conservation Area（自然保全地域）

名　称	区分	位　置		
面　積　　指定年				
Hayachine　（早池峰）	Ia	39−35'N/141−28'E	1,370ha	1975年
Shirakami-sanchi　（白神山地）	Ia	40−27'N/140−07'E	14,043ha	1992年
Tonegawa-genryubu　（利根川源流部）	Ia	37−02'N/138−07'E	2,318ha	1977年
Wagadake　（和賀岳）	Ia	39−34'N/140−46'E	1,451ha	1981年

Wilderness Area（原生地域）

名　称	区分	位　置		
面　積　　指定年				
Oigawa-Genryubu　（大井川源流部）	Ia	35−20'N/138−04'E	1,115ha	1976年
Onnebetsudake　（遠音別岳）	Ia	44−10'N/145−00'E	1,895ha	1980年
Tokachigawa-genryubu　（十勝川源流部）	Ia	43−28'N/143−56'E	1,035ha	1977年
Yakushima　（屋久島）	Ia	30−20'N/130−30'E	1,219ha	1975年

日本のユネスコ自然遺産とポテンシャル・サイト

索　引

フランス領の南方・南極地域の陸と海（フランス）
自然遺産（登録基準（vii）（ix）（x））　2019年

○自然遺産産 ◎複合遺産

本書の作成にあたり、下記の方々に写真や資料のご提供、ご協力をいただきました。

ユネスコ世界遺産センター(ホームページ2020年3月現在)、IUCN（国際自然保護連合）、世界自然保護基金（WWF）、コンサベーション・インターナショナル、バードライフ・インターナショナル、ガボン大使館、中央アフリカ地域環境計画（CARPE）Constant Allogo, www.dogonguide.com Ian Webber, National Museums of Kenya／Hoseah Wanden、AfricanWorldHeritageSites.org／Peter Howard、IUCN Media Relations Office／Maggie Roth、 ギニア共和国大使館、コートジボワール共和国大使館、セネガル共和国大使館、 www.niokolo.com、 在北京ニジェール共和国大使館、セイシェル航空、㈱セイシェル・アイランズ・サービス、タンザニア大使館、南アフリカ共和国大使館、南アフリカ観光局（SATOUR）、 NATAL PARKS BOARD, アルジェリア民主人民共和国大使館、Andras Zboray/www.fjexpeditions.com、Tajikistan Tourism Development Center, Mt. Hamiguitan Project/CYNTHIA B. RODRIGUEZ, 中華人民共和国国家観光局大阪駐在事務所、オーストラリア政府観光局、タスマニア州政府観光局、ニューサウスウェールズ州政府観光局、北部準州政府観光局、Environment Australia, Environment Australia, Tourism Tasmania, Tourism Tasmania and Geoffrey, Tourism Tasmania and Joe Shemesh, ニュージーランド政府観光局、IUCN Jerker Tamelander、トルコ共和国大使館広報参事官室、TURKISH NATIONAL TOURIST OFFICE, ギリシャ政府観光局、イタリア政府観光局（ENIT）、スイス政府観光局、ナショナル・トラスト・スコットランドJohn Sinclair, Gobierno de Aragon, Gavarnie-Gedre Tourist Office, イビサ観光促進財団、Municipality of Ohrid, Pimachiowin Aki Corp., Common Wadden Sea Secretariat (Jan van de Kam）、 Image Bank Sweden,VisitDenmark-The official tourism of Denmark／Denmark Media Center、 スカンジナビア政府観光局、ロシア連邦政府観光局、Government of Kamchatka region, The Joggins Fossil Institute, the State of Hawaii - Office of the Governor, National Park ServiceDeborah Nordeen/Assistant Public Affairs Officer Everglades National Park, National Park Service (NPS), U.S.Department of the Interior, アメリカ西部5州政府観光局、Jamaica National Commission for UNESCO、グアテマラ大使館、ヴェネズエラ大使館、IUCNキト事務所、ペルー大使館、Torismo por el Departamento de San Martin, 知床斜里町観光協会、東京都小笠原支庁、（一社）秋田県観光連盟、環境省、林野庁

【表紙写真】

（表）　（裏）

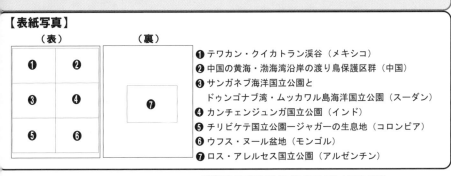

❶テワカン・クイカトラン渓谷（メキシコ）
❷中国の黄海・渤海湾沿岸の渡り鳥保護区群（中国）
❸サンガネブ海洋国立公園と
　ドゥンゴナブ湾・ムッカワル島海洋国立公園（スーダン）
❹カンチェンジュンガ国立公園（インド）
❺チリビケテ国立公園―ジャガーの生息地（コロンビア）
❻ウフス・ヌール盆地（モンゴル）
❼ロス・アレルセス国立公園（アルゼンチン）

○ 自然遺産　◎ 複合遺産　　　※複数国にまたがる物件をそれぞれの国でカウントしているため、
　　　　　　　　　　　　　　　（　）内の物件数の合計には差異が生じます。

〈著者プロフィール〉

古田 陽久（ふるた・はるひさ　FURUTA Haruhisa）**世界遺産総合研究所 所長**

1951年広島県生まれ。1974年慶応義塾大学経済学部卒業、1990年シンクタンクせとうち総合研究機構を設立。アジアにおける世界遺産研究の先覚・先駆者の一人で、「世界遺産学」を提唱し、1998年世界遺産総合研究所を設置、所長兼務。毎年の世界遺産委員会や無形文化遺産委員会などにオブザーバー・ステータスで参加、中国杭州市での「首届中国大運河国際高峰論壇」、クルーズ船「にっぽん丸」、三鷹国際交流協会の国際理解講座、日本各地の青年会議所（JC）での講演など、その活動を全国的、国際的に展開している。これまでにイタリア、中国、スペイン、フランス、ドイツ、インド、メキシコ、英国、ロシア連邦、アメリカ合衆国、ブラジル、オーストラリア、ギリシャ、カナダ、トルコ、ポルトガル、ポーランド、スウェーデン、ベルギー、韓国、スイス、チェコ、ペルーなど68か国、約300の世界遺産地を訪問している。現在、広島市佐伯区在住。

【専門分野】世界遺産制度論、世界遺産論、自然遺産論、文化遺産論、危機遺産論、地域遺産論、日本の世界遺産、世界無形文化遺産、世界の記憶、世界遺産と教育、世界遺産と観光、世界遺産と地域づくり・まちづくり

【著書】「世界の記憶遺産60」(幻冬舎)、「世界遺産データ・ブック」、「世界無形文化遺産データ・ブック」、「世界の記憶データ・ブック」（世界の記憶データブック）、「誇れる郷土データ・ブック」、「世界遺産ガイド」シリーズ、「ふるさと」「誇れる郷土」シリーズなど多数。

【執筆】連載「世界遺産への旅」、「世界の記憶の旅」、日本政策金融公庫調査月報「連載『データで見るお国柄』」、「世界遺産を活用した地域振興－『世界遺産基準』の地域づくり・まちづくり－」（月刊「地方議会人」）、中日新聞・東京新聞サンデー版「大図解危機遺産」、「現代用語の基礎知識2009」(自由国民社)世の中ペディア「世界遺産」など多数。

【テレビ出演歴】TBSテレビ「ひるおび」、「NEWS23」、「Nスタニュース」、テレビ朝日「モーニングバード」、「やじうまテレビ」、「ANNスーパーJチャンネル」、日本テレビ「スッキリ!!」、フジテレビ「めざましテレビ」、「スーパーニュース」、「とくダネ!」、「NHK福岡ロクいち！」など多数。

【ホームページ】「世界遺産と総合学習の杜」http://www.wheritage.net/

世界遺産ガイド －自然遺産編－ 2020改訂版

2020年（令和2年）4月24日　初版 第1刷

著　　　者　　古田　陽久
企画・編集　　世界遺産総合研究所
発　　　行　　シンクタンクせとうち総合研究機構 Ⓒ
　　　　　　　〒731-5113
　　　　　　　広島市佐伯区美鈴が丘緑三丁目4番3号
　　　　　　　TEL&FAX　082-926-2306
　　　　　　　郵 便 振 替　01340-0-30375
　　　　　　　電子メール　wheritage@tiara.ocn.ne.jp
　　　　　　　インターネット　http://www.wheritage.net
　　　　　　　出版社コード　86200

Complied and Printed in Japan, 2020　ISBN978-4-86200-234-1 C1540 Y2600E

発行図書のご案内

世界遺産シリーズ

世界遺産データ・ブック 2020年版 （新刊）978-4-86200-228-0 本体2778円 2019年8月
最新のユネスコ世界遺産1121物件の全物件名と登録基準、位置を掲載。ユネスコ世界遺産の概要も充実。世界遺産学習の上での必携の書。

世界遺産事典-1121全物件プロフィール- （新刊） 978-4-86200-229-7 本体2778円 2019年8月
2020改訂版 世界遺産1121物件の全物件プロフィールを収録。2020改訂版

世界遺産キーワード事典 2009改訂版 978-4-86200-133-7 本体2000円 2008年9月発行
世界遺産に関連する用語の紹介と解説

世界遺産マップス -地図で見るユネスコの世界遺産 （新刊） 978-4-86200-232-7 本体2600円 2019年12月発行
2020改訂版 世界遺産1121物件の位置を地域別・国別に整理

世界遺産ガイド-世界遺産条約採択40周年特集- 978-4-86200-172-6 本体2381円 2012年11月発行
世界遺産の40年の歴史を特集し、持続可能な発展を考える。

世界遺産フォトス -写真で見るユネスコの世界遺産- 4-916208-22-6 本体1905円 1999年8月発行
第2集-多様な世界遺産- 4-916208-50-1 本体2000円 2002年1月発行
世界遺産の多様性を写真資料で学ぶ。 第3集-海外と日本の至宝100の記憶- 978-4-86200-148-1 本体2381円 2010年1月発行

世界遺産入門-平和と安全な社会の構築- 978-4-86200-191-7 本体2500円 2015年5月発行
世界遺産を通じて「平和」と「安全」な社会の大切さを学ぶ

世界遺産学入門-もっと知りたい世界遺産- 4-916208-52-8 本体2000円 2002年2月発行
新しい学問としての「世界遺産学」の入門書

世界遺産学のすすめ-世界遺産が地域を拓く- 4-86200-100-9 本体2000円 2005年4月発行
普遍的価値を顕す世界遺産が、閉塞した地域を拓く

世界遺産概論<上巻><下巻> 世界遺産の基礎的事項 上巻 978-4-86200-116-0 2007年1月発行
をわかりやすく解説 下巻 978-4-86200-117-7 本体 各2000円

世界遺産ガイド-ユネスコ遺産の基礎知識- 978-4-86200-184-9 本体2500円 2014年3月発行
混同するユネスコ三大遺産の違いを明らかにする

世界遺産ガイド-世界遺産条約編- 4-916208-34-X 本体2000円 2000年7月発行
世界遺産条約を特集し、条約の趣旨や目的などポイントを解説

世界遺産ガイド -世界遺産条約と 978-4-86200-128-3 本体2000円 2007年12月発行
オペレーショナル・ガイドラインズ編- 世界遺産条約とその履行の為の作業指針について特集する

世界遺産ガイド-世界遺産の基礎知識編- 2009改訂版 978-4-86200-132-0 本体2000円 2008年10月発行
世界遺産の基礎知識をQ&A形式で解説

世界遺産ガイド-図表で見るユネスコの世界遺産編- 4-916208-89-7 本体2000円 2004年12月発行
世界遺産をあらゆる角度からグラフ、図表、地図などで読む

世界遺産ガイド-情報所在源編- 4-916208-84-6 本体2000円 2004年1月発行
世界遺産に関連する情報所在源を各国別、物件別に整理

世界遺産ガイド-自然遺産編- 2020改訂版 （新刊） 978-4-86200-234-1 本体2600円 2020年4月発行
ユネスコの自然遺産の全容を紹介

世界遺産ガイド-文化遺産編- 2020改訂版 （新刊） 978-4-86200-235-8 本体2600円 2020年4月発行
ユネスコの文化遺産の全容を紹介

世界遺産ガイド-文化遺産編- 1. 遺跡 4-916208-32-3 本体2000円 2000年8月発行
2. 建造物 4-916208-33-1 本体2000円 2000年9月発行
3. モニュメント 4-916208-35-8 本体2000円 2000年10月発行
4. 文化的景観 4-916208-53-6 本体2000円 2002年1月発行

世界遺産ガイド-複合遺産編- 2020改訂版 （新刊）978-4-86200-236-5 本体2600円 2020年4月発行
ユネスコの複合遺産の全容を紹介

世界遺産ガイド-危機遺産編- 2020改訂版 （新刊）978-4-86200-237-2 本体2600円 2020年4月発行
ユネスコの危機遺産の全容を紹介

世界遺産ガイド-文化の道編- 978-4-86200-207-5 本体2500円 2016年12月発行
世界遺産に登録されている「文化の道」を特集

世界遺産ガイド-文化的景観編- 978-4-86200-150-4 本体2381円 2010年4月発行
文化的景観のカテゴリーに属する世界遺産を特集

世界遺産ガイド-複数国にまたがる世界遺産編- 978-4-86200-151-1 本体2381円 2010年6月発行
複数国にまたがる世界遺産を特集

世界遺産ガイド-日本編- 2020改訂版 **新刊**	978-4-86200-230-3 本体2778円 2019年9月発行 日本にある世界遺産、暫定リストを特集
日本の世界遺産 -東日本編- -西日本編-	978-4-86200-130-6 本体2000円 2008年2月発行 978-4-86200-131-3 本体2000円 2008年2月発行
世界遺産ガイド-日本の世界遺産登録運動-	4-86200-108-4 本体2000円 2005年12月発行 暫定リスト記載物件はじめ世界遺産登録運動の動きを特集
世界遺産ガイド-世界遺産登録をめざす富士山編-	978-4-86200-153-5 本体2381円 2010年11月発行 富士山を世界遺産登録する意味と意義を考える
世界遺産ガイド-北東アジア編-	4-916208-87-0 本体2000円 2004年3月発行 北東アジアにある世界遺産を特集、国の概要も紹介
世界遺産ガイド-朝鮮半島にある世界遺産-	4-86200-102-5 本体2000円 2005年7月発行 朝鮮半島にある世界遺産、暫定リスト、無形文化遺産を特集
世界遺産ガイド-中国編- 2010改訂版	978-4-86200-139-9 本体2381円 2009年10月発行 中国にある世界遺産、暫定リストを特集
世界遺産ガイド-モンゴル編- **新刊**	978-4-86200-233-4 本体2500円 2019年12月発行 モンゴルにあるユネスコ遺産を特集
世界遺産ガイド-東南アジア編-	978-4-86200-149-8 本体2381円 2010年5月発行 東南アジアにある世界遺産、暫定リストを特集
世界遺産ガイド-ネパール・インド・スリランカ編- **新刊**	978-4-86200-221-1 本体2500円 2018年11月発行 ネパール・インド・スリランカにある世界遺産を特集
世界遺産ガイド-オーストラリア編-	4-86200-115-7 本体2000円 2006年5月発行 オーストラリアにある世界遺産を特集、国の概要も紹介
世界遺産ガイド-中央アジアと周辺諸国編-	4-916208-63-3 本体2000円 2002年8月発行 中央アジアと周辺諸国にある世界遺産を特集
世界遺産ガイド-中東編-	4-916208-30-7 本体2000円 2000年7月発行 中東にある世界遺産を特集
世界遺産ガイド-知られざるエジプト編-	978-4-86200-152-8 本体2381円 2010年6月発行 エジプトにある世界遺産、暫定リスト等を特集
世界遺産ガイド-アフリカ編-	4-916208-27-7 本体2000円 2000年3月発行 アフリカにある世界遺産を特集
世界遺産ガイド-イタリア編-	4-86200-109-2 本体2000円 2006年1月発行 イタリアにある世界遺産、暫定リストを特集
世界遺産ガイド-スペイン・ポルトガル編-	978-4-86200-158-0 本体2381円 2011年1月発行 スペインとポルトガルにある世界遺産を特集
世界遺産ガイド-英国・アイルランド編-	978-4-86200-159-7 本体2381円 2011年3月発行 英国とアイルランドにある世界遺産等を特集
世界遺産ガイド-フランス編-	978-4-86200-160-3 本体2381円 2011年5月発行 フランスにある世界遺産、暫定リストを特集
世界遺産ガイド-ドイツ編-	4-86200-101-7 本体2000円 2005年6月発行 ドイツにある世界遺産、暫定リストを特集
世界遺産ガイド-ロシア編-	978-4-86200-166-5 本体2381円 2012年4月発行 ロシアにある世界遺産等を特集
世界遺産ガイド-コーカサス諸国編- **新刊**	978-4-86200-227-3 本体2500円 2019年6月発行 コーカサス諸国にある世界遺産等を特集
世界遺産ガイド-バルト三国編- **新刊**	4-86200-222-8 本体2500円 2018年12月発行 バルト三国にある世界遺産を特集
世界遺産ガイド-アメリカ合衆国編- **新刊**	978-4-86200-214-3 本体2500円 2018年1月発行 アメリカ合衆国にあるユネスコ遺産等を特集
世界遺産ガイド-メキシコ編-	978-4-86200-202-0 本体2500円 2016年8月発行 メキシコにある世界遺産等を特集
世界遺産ガイド-カリブ海地域編- **新刊**	4-86200-226-6 本体2600円 2019年5月発行 カリブ海地域にある主な世界遺産を特集
世界遺産ガイド-中米編-	4-86200-81-1 本体2000円 2004年2月発行 中米にある主な世界遺産を特集
世界遺産ガイド-南米編-	4-86200-76-5 本体2000円 2003年9月発行 南米にある主な世界遺産を特集

シンクタンクせとうち総合研究機構

世界遺産ガイド-地形・地質編-	978-4-86200-185-6 本体2500円 2014年5月発行 世界自然遺産のうち、代表的な「地形・地質」を紹介
世界遺産ガイド-生態系編-	978-4-86200-186-3 本体2500円 2014年5月発行 世界自然遺産のうち、代表的な「生態系」を紹介
世界遺産ガイド-自然景観編-	4-916208-86-2 本体2000円 2004年3月発行 世界自然遺産のうち、代表的な「自然景観」を紹介
世界遺産ガイド-生物多様性編-	4-916208-83-8 本体2000円 2004年1月発行 世界自然遺産のうち、代表的な「生物多様性」を紹介
世界遺産ガイド-自然保護区編-	4-916208-73-0 本体2000円 2003年5月発行 自然遺産のうち、自然保護区のカテゴリーにあたる物件を特集
世界遺産ガイド-国立公園編-	4-916208-58-7 本体2000円 2002年5月発行 ユネスコ世界遺産のうち、代表的な国立公園を特集
世界遺産ガイド-名勝・景勝地編-	4-916208-41-2 本体2000円 2001年3月発行 ユネスコ世界遺産のうち、代表的な名勝・景勝地を特集
世界遺産ガイド-歴史都市編-	4-916208-64-1 本体2000円 2002年9月発行 ユネスコ世界遺産のうち、代表的な歴史都市を特集
世界遺産ガイド-都市・建築編-	4-916208-39-0 本体2000円 2001年2月発行 ユネスコ世界遺産のうち、代表的な都市・建築を特集
世界遺産ガイド-産業・技術編-	4-916208-40-4 本体2000円 2001年3月発行 ユネスコ世界遺産のうち、産業・技術関連遺産を特集
世界遺産ガイド-産業遺産編-保存と活用	4-86200-103-3 本体2000円 2005年4月発行 ユネスコ世界遺産のうち、各産業分野の遺産を特集
世界遺産ガイド-19世紀と20世紀の世界遺産編-	4-916208-56-0 本体2000円 2002年7月発行 激動の19世紀、20世紀を代表する世界遺産を特集
世界遺産ガイド-宗教建築物編-	4-916208-72-2 本体2000円 2003年6月発行 ユネスコ世界遺産のうち、代表的な宗教建築物を特集
世界遺産ガイド-仏教関連遺産編- 新刊	4-86200-223-5 本体2600円 2019年2月発行 ユネスコ世界遺産のうち仏教関連遺産を特集
世界遺産ガイド-歴史的人物ゆかりの世界遺産編-	4-916208-57-9 本体2000円 2002年9月発行 歴史的人物にゆかりの深いユネスコ世界遺産を特集
世界遺産ガイド-人類の負の遺産と復興の遺産編-	978-4-86200-173-3 本体2000円 2013年2月発行 世界遺産から人類の負の遺産と復興の遺産を学ぶ
世界遺産ガイド-暫定リスト記載物件編-	978-4-86200-138-2 本体2000円 2009年5月発行 世界遺産暫定リストに記載されている物件を一覧する
世界遺産ガイド -特集 第29回世界遺産委員会ダーバン会議-	4-86200-105-X 本体2000円 2005年9月発行 2005年新登録24物件と登録拡大、危機遺産などの情報を満載
世界遺産ガイド -特集 第28回世界遺産委員会蘇州会議-	4-916208-95-1 本体2000円 2004年8月発行 2004年新登録34物件と登録拡大、危機遺産などの情報を満載

世界の文化シリーズ

世界遺産の無形版といえる「世界無形文化遺産」についての希少な書籍

世界無形文化遺産データ・ブック 新刊 2019年版	978-4-86200-224-2 本体2600円 2019年4月発行 世界無形文化遺産の仕組みや登録されているものを地域別・国別に整理。
世界無形文化遺産事典 2019年版 新刊	978-4-86200-225-9 本体2600円 2019年4月発行 世界無形文化遺産の概要を、地域別・国別・登録年順に掲載。

世界の記憶シリーズ

ユネスコのプログラム「世界の記憶」の全体像を明らかにする日本初の書籍

世界の記憶データ・ブック 新刊 2017〜2018年版	978-4-86200-215-0 本体2778円 2018年1月発行 ユネスコ三大遺産事業の一つ「世界の記憶」の仕組みや427件の世界の記憶など、プログラムの全体像を明らかにする日本初のデータ・ブック。

ふるさとシリーズ

誇れる郷土データ・ブック 新刊
―世界遺産と令和新時代の観光振興― 2020年版
978-4-86200-231-0 本体2500円 2019年12月発
令和新時代の観光振興につながるユネスコの
世界遺産、世界無形文化遺産、世界の記憶、
それに日本遺産などを整理。

誇れる郷土データ・ブック
―2020東京オリンピックに向けて― 2017年版
978-4-86200-209-9 本体2500円 2017年3月発
2020年に開催される東京オリンピック・パラリンピックを
見据えて、世界に通用する魅力ある日本の資源を
都道府県別に整理。

誇れる郷土データ・ブック
―地方の創生と再生― 2015年版
978-4-86200-192-4 本体2500円 2015年5月発行
国や地域の創生や再生につながるシーズを
都道府県別に整理。

誇れる郷土ガイド―日本の歴史的な町並み編―
978-4-86200-210-5 本体2500円 2017年8月発行
日本らしい伝統的な建造物群が残る歴史的な町並みを特

誇れる郷土ガイド

―北海道・東北編―
4-916208-42-0 本体2000円 2001年5月発
北海道・東北地方の特色・魅力・データを道県別にコンパクトに整理

―関東編―
4-916208-48-X 本体2000円 2001年11月発
関東地方の特色・魅力・データを道県別にコンパクトに整理

―中部編―
4-916208-61-7 本体2000円 2002年10月発
中部地方の特色・魅力・データを道県別にコンパクトに整理

―近畿編―
4-916208-46-3 本体2000円 2001年10月発
近畿地方の特色・魅力・データを道県別にコンパクトに整理

―中国・四国編―
4-916208-65-X 本体2000円 2002年12月発
中国・四国地方の特色・魅力・データを道県別にコンパクトに整理

―九州・沖縄編―
4-916208-62-5 本体2000円 2002年11月発
九州・沖縄地方の特色・魅力・データを道県別にコンパクトに整理

誇れる郷土ガイド―口承・無形遺産編―
4-916208-44-7 本体2000円 2001年6月発
各都道府県別に、口承・無形遺産の名称を整理収録

誇れる郷土ガイド―全国の世界遺産登録運動の動き―
4-916208-69-2 本体2000円 2003年1月発
暫定リスト記載物件はじめ全国の世界遺産登録運動の動きを特

誇れる郷土ガイド ―全国47都道府県の観光データ編― 2010改訂版
978-4-86200-123-8 本体2381円 2009年12月発
各都道府県別の観光データ等の要点を整理

誇れる郷土ガイド―全国47都道府県の誇れる景観編―
4-916208-78-1 本体2000円 2003年10月発
わが国の美しい自然環境や文化的な景観を都道府県別に整理

誇れる郷土ガイド―全国47都道府県の国際交流・協力編―
4-916208-85-4 本体2000円 2004年4月発
わが国の国際交流・協力の状況を都道府県別に整理

誇れる郷土ガイド―日本の国立公園編―
4-916208-94-3 本体2000円 2005年2月発
日本にある国立公園を取り上げ、概要を紹介

誇れる郷土ガイド―自然公園法と文化財保護法―
978-4-86200-129-0 本体2000円 2008年2月発行
自然公園法と文化財保護法について紹介する

誇れる郷土ガイド―市町村合併編―
978-4-86200-118-4 本体2000円 2007年2月発
平成の大合併により変化した市町村の姿を都道府県別に整

日本ふるさと百科―データで見るわたしたちの郷土―
4-916208-11-0 本体1429円 1997年12月発
事物・統計・地域戦略などのデータを各都道府県別に整理

環日本海エリア・ガイド
4-916208-31-5 本体2000円 2000年6月発
環日本海エリアに位置する国々や日本の地方自治体を取り上げ

シンクタンクせとうち総合研究機構

事務局 〒731-5113 広島市佐伯区美鈴が丘緑三丁目4番3号
書籍のご注文専用ファックス 082-926-2306 電子メールwheritage@tiara.ocn.ne.jp